渝西地区深层页岩气勘探开发实践

段国彬　陈朝刚　等著

石油工业出版社

内 容 提 要

本书针对渝西地区深层页岩气地应力差大、温度高、压力系数高等勘探开发技术难题，采用理论分析、室内试验和现场试验相结合等方法，全面阐述了深层页岩气"甜点"评价、优快钻完井技术、储层改造技术、开发配套技术等方面系统攻关研究成果与工程现场实践应用案例。本书运用"甜点"要素敏感参数预测、地质统计学反演和协模拟等系列方法，运用相场法裂缝扩展模型、复杂裂缝导流能力优化模型等技术手段，结合室内和矿场试验，形成深层页岩气体积压裂成套技术，精细刻画了储层特征，深化了地质综合认识。

本书可供石油勘探开发工作者及大专院校相关专业师生参考使用。

图书在版编目（CIP）数据

渝西地区深层页岩气勘探开发实践／段国彬等著
. — 北京：石油工业出版社，2021.6
ISBN 978-7-5183-4778-0

Ⅰ．①渝… Ⅱ．①段… Ⅲ．①油页岩-油气勘探-研究-重庆②油页岩-气田开发-研究-重庆 Ⅳ．①P618.130.8②TE37

中国版本图书馆 CIP 数据核字（2021）第 148236 号

出版发行：石油工业出版社
　　　　　（北京安定门外安华里 2 区 1 号　100011）
　　　　网　　址：www.petropub.com
　　　　编辑部：（010）64523736
　　　　图书营销中心：（010）64523633
经　　销：全国新华书店
印　　刷：北京中石油彩色印刷有限责任公司

2021 年 6 月第 1 版　2021 年 6 月第 1 次印刷
787×1092 毫米　开本：1/16　印张：13.25
字数：330 千字

定价：100.00 元
（如发现印装质量问题，我社图书营销中心负责调换）

版权所有，翻印必究

《渝西地区深层页岩气勘探开发实践》
编 写 组

组　长：段国彬　陈朝刚

成　员：雷治安　刘　炼　张　烨　方光建　张海杰

　　　　张海涛　陈马林　王　凯　郝劲松　宋科雄

　　　　余　平　廖　伟　罗远平　蒲俊伟　廖　礼

　　　　李　娅　刘胜江　王　丹　丁　奕　曹世昌

　　　　赵卫军　赵志红　陆朝晖　徐春碧　周小金

　　　　于　洋　乔李华　黄振华　罗彤彤　蒋　琳

　　　　孙超亚

前　言

我国近几十年来经济快速发展，能源消费需求不断攀升，能源供应安全已经成为国家安全的重要组成部分，寻求能源供应多元化与降低能源对外依存度成了我国能源工业面临的核心问题之一。页岩气的成功开发对提高我国能源供应安全等级，调整我国的能源消费结构，推动我国经济社会持续健康发展，具有十分重要的意义。

页岩气是从黑色泥页岩或者碳质泥岩地层中开采出来的天然气，与致密气、煤层气、天然气水合物等属于非常规天然气的范畴，其开采潜力巨大。我国页岩气资源在四川盆地储量丰富，是页岩气商业化开采的主战场。目前，3500m 以浅页岩储层勘探开发配套技术基本趋于成熟并实现国产化，3500m 以深的页岩储层勘探开发技术还处于探索阶段，需进一步攻关。进行深层页岩气勘探开发关键技术研究，既是国家《页岩气发展规划》《能源发展战略行动计划（2016—2020 年）》战略布局，也是《重庆市页岩气产业发展规划（2015—2020 年）》《重庆市找矿突破战略行动实施方案（2011—2020 年）》等政策得以顺利实施、页岩气产业得以发展亟待解决的难题。

全书共分为五章，主要介绍了渝西地区深层页岩气储层发育特征和富存条件、优快钻完井技术、压裂改造和效果评价，以及后续开发配套和产能评价等内容。通过总结提炼渝西地区深层页岩气实施的开发技术及实践效果，总结相关理论和技术经验，对下一步深层页岩气开发及其他地区的页岩气高效开发提供借鉴。参加本书编写的单位有重庆页岩气勘探开发有限责任公司，重庆地质矿产研究院，国投重庆页岩气开发利用有限公司，中国石油集团川庆钻探工程有限公司钻采工程技术研究院、钻井液公司，中国石油西南油气田分公司工程技术研究院，西南石油大学，重庆科技学院。研究工作依托页岩气勘探开发国家地方联合工程研究中心和自然资源部页岩气资源勘查重点实验室等科研平台。

由于笔者水平有限，书中难免存在疏漏与不妥之处，敬请读者批评指正。

目　　录

1 概　述

1.1　页岩气资源概况及发展现状

页岩气是从黑色泥页岩或者碳质泥岩地层中开采出来的天然气。全球页岩气资源量约为 $456×10^{12}m^3$，相当于煤层气和致密气资源量的总和，主要分布在北美、中亚和中国、中东和北非及拉美等国家和地区。美国是世界上最早实现页岩气商业开采的国家。美国的页岩气勘探开发具有较长的历史，但对于现代概念的页岩气来说，其勘探开发历史也仅有 30 多年的时间。由于技术的进步，美国页岩气勘探开发取得了巨大的成功，页岩气年产量稳步上升，并在 2008 年超越煤层气成为产量仅次于致密砂岩气的非常规天然气。2009 年，美国页岩气产量占同年美国天然气总产量的 14%，其总量超过了我国同期的天然气年总产量。加拿大的页岩气开发起步较美国晚，自 2000 年进行的西加拿大盆地群页岩气研究和勘探开发先导试验以来，页岩气产量已达到 $72.3×10^8m^3$（2009 年）。除美国、加拿大之外，中国、德国、波兰、澳大利亚、印度等国家和地区也开始了大量的页岩气勘探开发及研究工作。

1.2　我国深层页岩气开发现状

我国页岩分布广泛，主要发育在古生界海相、中新生界陆相盆地及地区，包括南方、华北和塔里木三大海相页岩沉积区和松辽盆地白垩系、准噶尔盆地中—下侏罗统、鄂尔多斯盆地上三叠统、吐哈盆地中—下侏罗统、渤海湾盆地古近系等五大陆相页岩沉积盆地。目前，我国页岩气勘探工作主要集中在南方海相地层，初步证实志留系龙马溪组和寒武系筇竹寺组两套海相页岩是我国南方海相地区最具现实的勘探领域。

我国的页岩气勘探开发已取得一定的阶段性成果，已有区块投入商业性开发阶段。2006 年我国已有石油公司与美国新田石油公司探讨页岩气相关问题。2007 年进一步就威远地区页岩气潜力与开发可行性做了一定工作。2008 年国土资源部确立了我国重点地区页岩气资源潜力和有利区带优选项目。2009 年国土资源部在重庆启动我国首个页岩气资源勘查项目，标志着我国页岩气勘探开发已提上日程。2011 年底国土资源部批准页岩气成为独立矿种，对其按单独矿种进行投资管理。

同时，我国各级政府也出台了一系列有利政策为页岩气的勘探开发提供政策支持。2012 年，财政部和国家能源局联合发布《关于出台页岩气开发利用补贴政策的通知》，该通知界定了页岩气的标准及补贴条件，中央财政对页岩气开采企业给予补贴，2012—2015 年的补贴标准为 0.4 元/m³。2013 年 10 月国家能源局发布《页岩气产业政策》，内容主要包括产业监管、示范区建设、产业技术政策、市场与运输、环境保护、支持政策等内容。2014 年 2 月国家能源局印发《油气管网设施公平开放监管办法（试行）》，要求管道运营企业向第三方市场主体平等开放管网设施。可以看出，从上游的勘探权、到下游的补贴及贯穿勘探开发全过程的环保措施，上述一系列政策的出台为我国页岩气产业的健康快速发展奠定了基础。2015 年 5 月，财政部联合国家能源局发布《关于页岩气开发利用财政补贴政策的通知》，规定在 2016—2020 年期间，中央财政分阶段对页岩气开采企业给予补贴，其中 2016—2018 年的补贴标准为 0.3 元/m^3，2019—2020 年补贴标准为 0.2 元/m^3。

根据 2015 年国土资源部资源评价结果，我国页岩气地质资源量为 $134×10^{12}m^3$，技术可采资源量 $25×10^{12}m^3$。目前，我国发现的页岩气富集区主要集中在四川盆地的涪陵、长宁—威远、昭通、富顺—永川 4 个页岩气区。其中，重庆地区页岩气有利分布面积约 $7.6×10^4km^2$，地质资源量为 $12.75×10^{12}m^3$，可采资源量为 $2.05×10^{12}m^3$。截至 2016 年底，我国的页岩气产量达到 $78×10^8m^3$，成为北美洲之外第一个实现规模化商业开发的国家。而重庆地区页岩气资源丰富，总体资源量大，位列全国第三，资源量主要集中在五峰组—龙马溪组。目前勘探开发取得成功的为涪陵礁石坝地区，建设产能约 $75×10^8m^3/a$，但重庆渝西、綦江、南川和焦石坝外围等页岩气埋深较深（超过 3500m）的区块还没取得勘探开发突破。目标区块渝西区块龙马溪组埋深普遍超过 3500m，面积约 5098km²，约占重庆市深层页岩气（埋深>3500m）资源总面积的 50%，区块预测资源量 $23960×10^8m^3$。前期该区块完钻井 2 口，直井试气产量为 $1.08×10^4m^3/d$，是开展深层页岩气勘探评价及先导性试验的现实有利区域。

1.3 深层页岩气开发技术难点分析

2010 年后，我国页岩气产业快速发展，实现了商业化开发。与美国相比，我国页岩气在埋藏深度、储层特征和开采地形条件等方面存在较大差异。在埋藏深度方面，四川盆地及周缘地区的页岩气有利区储层埋藏深度一般大于 2500m，四川盆地部分地区和塔里木盆地页岩气埋藏深度多在 4000~6000m，总体埋藏较深。美国海相页岩埋藏深度为 200~4200m，埋深总体较浅，其中 Barnett 和 Fayetteville 页岩气藏埋藏深度分别为 1982~2592m 和 3202~4117m。埋藏深度对页岩气开采主要有两个方面的影响：一是埋藏较深，地层压力较高，容易超压，天然气储量丰度高；二是增加了钻完井工程技术难度，提高了成本费用。目前我国页岩气开采的深度多集中于 3500m 以浅的资源，现有的成果和技术主要集中在浅部页岩气储层的开发，深层页岩气勘探开发方面还存在一些亟待解决的难点。

1.3.1 深层页岩储层地质研究方面

我国页岩气资源潜力巨大，储层非均质性强、赋存方式多样、可采系数低。页岩气"甜点"区优选需要解决两个核心问题：一是是否具有足够的地质储量；二是是否具备开发经济效益。

目前我国深层页岩"甜点"地质评价主要存在以下难点：

（1）针对深层页岩地层及构造精细研究程度有待进一步深入。区域内针对富有机质页岩主要地质特征在时间序列上的纵向变化规律研究总体尺度相对较粗放，针对深层页岩地层及构造精细研究程度有待进一步深入。

（2）深层页岩气储层微观结构研究需进一步加强。深层页岩气储层长期深埋并历经多期次构造运动和复杂的成岩作用及孔隙演化，其控制影响因素及微观结构研究需进一步加强。

（3）深层页岩气赋存机理有待深入研究。深层页岩气的吸附、游离及溶解过程受高温、高压影响，其在赋存状态及保存机理方面存在较大差异性，针对深层页岩气赋存状态、保存机理及可采性研究亟待深入。

（4）深层页岩气地球物理技术亟待研究和探索。页岩储层具有强各向异性特征，常规岩石物理模型已不足以描述页岩的地球物理响应特征，加之目的层埋藏深度大、一般在4000m左右，其岩石物理及地震响应特征研究还需要进一步加强；而且针对深层页岩气的展布特征、物性、含气性及脆性等"甜点"评价关键指标预测技术研究也需要探索。

（5）深层页岩气"甜点"评价技术体系缺乏。深层页岩气地质及工程条件具有自身的特性，相应的"甜点"的评价参数及指标体系尚未形成，迫切需要探索建立一套适合深层页岩气区的评价参数和技术体系。

（6）页岩气井场选择直观性差。当前我国页岩气井场选址采用传统方法，存在直观性不强、现场调查不够全面，且井场建设影响评估难以做到精确，有必要引入三维数字建模及分析技术，提升工作效率。

（7）储层可压裂性逐步降低。脆性岩石在高温高压条件下，破坏难度大，相应储层的可压裂性大幅度降低，影响页岩压裂的改造效果和造缝效率。因此，需要针对深层页岩储层进行地层条件下的可压裂性综合研究。

1.3.2　深层页岩钻完井技术方面

深层页岩气井具有埋藏深、地层压力高、井温高、多压力系统、全井压力差异大等特征。国内外深层页岩气井钻完井技术储备不足、经验少，给钻井施工带来巨大的挑战。主要难点和技术需求体现在以下几方面：

（1）深层页岩气井优快钻井工艺技术方面。深层页岩纵向压力差异大、纵向剖面上钻遇多套气层，部分地层含硫化氢，安全钻井风险较高。地层岩石可钻性差、钻头适应性差、钻井参数与钻具组合优选难度大，机械钻速低，钻井成本高。井下温度、压力较高，井眼轨迹控制难度大。针对上述问题急需进行钻井工艺、井眼轨迹优化与地质导向等技术研究以提高钻井速度、降低钻井风险和控制钻井成本。

（2）深层页岩气井水平段钻井液方面。页岩裂缝发育、水敏性强，钻井液滤液侵入页岩中易降低井壁岩石强度，造成应力释放，产生井壁失稳，影响钻井和固井质量。深层页岩气井温度和压力高，对钻井液抗高温、抗伤害、密度控制等要求高，需评价优选高性能的深层页岩井水平段钻井液体系，满足水平段安全快速钻井要求，同时降低钻井成本。

（3）深层页岩气井油层套管固井技术方面。深层页岩气井油层套管下入难度大、固井施工压力高，对套管、工具、设备要求高。水泥浆胶凝后需具有良好的弹性、韧性和高强度，保证分段压裂及后期开采过程中水泥环具有良好的密封能力。因此符合深层页岩气井油层套管固井的高性能水泥浆体系及固井工艺技术有待进一步研究。

1.3.3　深层页岩储层改造技术方面

随着储层埋深增加，储层的地应力和温度逐步增大，页岩储层物性和结构发生变化，压裂施工难度增加，压裂裂缝起裂和扩展规律也发生变化，实现体积压裂难度加大。为此，需要对深层页岩储层压裂改造机理和工艺进行针对性研究。

（1）高温高压条件下页岩裂缝扩展机理不明确。脆性岩石在高温高压条件下，岩石的塑性变形会增加，脆性性能减弱，岩石破裂难度大。水平主应力差加大，压裂裂缝扩展的展布规律还有待进一步深化和研究。

（2）地面施工难度大。深层页岩储层必然会面对管柱摩阻及地层延伸压力的增加，导致井口压力大幅提升，对地面设备配备提出更高要求，甚至突破常规压裂井口及地面压裂车组极限，需要研究有效地降低破裂压力工艺及高效高温的降阻剂。

（3）体积改造难度增大。重庆地区部分深层页岩储层的水平主应力差已超过 15MPa，中深井储层压裂裂缝易形成单一裂缝，裂缝改造体积大幅度降低。为此，需要对压裂施工参数进行优化研究。

（4）支撑剂易嵌入，裂缝导流能力较低。深层页岩储层深度增加，压裂裂缝的闭合应力相应增大，支撑剂固结和嵌入作用导致支撑裂缝导流能力降低。因此，需要针对深层页岩气井压裂支撑剂类型和粒径组合等方面做深入研究。

（5）压裂加砂难度大。深层页岩储层的弹性模量随着深度变化逐渐增大，加上高地应力的影响，导致压裂过程中的裂缝宽度较小，施工过程中易发生砂堵。因此，需要进行加砂方式的优化研究，减少深层页岩储层的砂堵问题。

1.3.4　深层页岩气井开发配套技术

国内在页岩气渗流机理、产能评价及开发配套技术等方面的研究起步较晚，缺乏系统性方法和成熟的经验，深层页岩储层埋藏深、压力高，此类气藏渗流机理、管柱受力情况都更为复杂和特殊，需针对性开展产能评价和开发配套技术研究，制定适应的开发技术对策，实现经济高效开发。

（1）现有常规产能分析方法不适应，适应性方法体系有待建立。页岩气开发生产动态、渗流机理不同于常规气藏，因此常规产能评价方法不完全适用于页岩气。特别对于深层页岩储层，埋藏深、压力高，渗流机理更为复杂，产能预测难度更大。因此，需要形成一套适用于深层页岩气开发的产能评价方法，更加有针对性地预测产能，掌握产能变化规律。

（2）高温高压条件下生产管柱设计与优化难度大。目前针对页岩气井尚无成熟的、可借鉴的生产管柱下入制度。深层页岩储层非均质性强、温度高、压力大，工况条件更为复杂，可能遇到的流体性质差异更大，导致生产管柱设计过程中承压及受力分析更难，合理性和安全性要求更高，因此，急需开展生产管柱尺寸优选及下入制度优化研究，探讨深层条件下页岩气井生产管柱设计与优化思路。

（3）缺少适应性的开发部署方案。深层页岩储层由于埋深及压力均逐渐增大，需要针对特定储层和流体性质设计与之适应的配产、布井方式、井网密度等开发指标，并计算内部收益率和净现值等经济指标，形成匹配的具有经济效益的开发部署方案，以有效指导现场开发。

2 渝西地区深层页岩气储层地质评价

2.1 区域构造位置

地理上，研究区位于重庆直辖市西部，重庆市大足区、铜梁区、璧山区和江津区境内。北至合川，南至古蔺县，西至犍为县，东至重庆。全区地形以中低山地和丘陵为主，地形起伏较大。整体呈现西南高、东北低的态势，海拔一般为 200~600m。雨季多暴雨，较易发生的地质灾害有滑坡、危岩、不稳定斜坡、地面塌陷等。区内水系发育，以长江为主脉，以金沙江、岷江、沱江为支脉，发育多条河流，区内属于亚热带湿润季风性气候，全年冬暖春早、四季分明。

构造上，四川盆地处于扬子准地台上偏西北一侧，是扬子准地台的一个次级构造单元，在印支期已具备盆地的雏形，后经喜马拉雅运动全面褶皱形成现今的构造面貌。大地构造分区包括川东南坳褶区、川中隆起区和川西北坳陷区。渝西区块位于川中古隆平缓构造区东南部和川东南坳褶带西南段，区内西北部构造平缓，断层不发育，地表条件和水源条件较好；其他部分构造较陡，断裂较发育，但翼部断裂不发育。

2.2 地层发育特征

四川盆地地层发育较全，自震旦系至第四系沉积了超过 13000m 的地层，其中，震旦系—三叠系以海相沉积为主，主要由碳酸盐岩和泥页岩沉积组成，厚度为 4100~7100m；上三叠统—第四系则主要以陆相碎屑岩沉积为主，厚度为 3500~6000m。在加里东运动末期，研究区志留系发生了不同程度的剥蚀。大足地区韩家店完全剥蚀，石牛栏组部分剥蚀。在岩心观察和测井的基础上，建立了研究区志留系标准柱状图（图 2-2-1）。

2.3 页岩气储层评价

2.3.1 地层顶底界识别

2.3.1.1 上奥陶统五峰组底界划分

研究区域内页岩气井主要分布在大足、合川、泸州、威远等地区。本书中主要以大足地区的页岩气井为例进行研究。该区域内存在 Z2-1 井、Z2-1-H1 井、Z2-2 井和 Z2-2-H1 井等多口井。五峰组底界既可与下伏临湘组呈平行不整合接触，也可与宝塔组呈平行不整合接触关系，界面上下岩性差异明显。通过 Z2-1 井和 Z2-2 井的岩心观察、电性、地震反射波形及古生物发育特征等都反映上下接触地层明显的差异性，界限清晰。

Z2-1 井五峰组底部为黑色页岩与灰色斑脱岩不等厚互层，下伏宝塔组呈不整合接触，该井宝塔组顶部岩性为生屑灰岩，与五峰组底部黑色含粉砂页岩岩性差异明显（图 2-3-1a）。

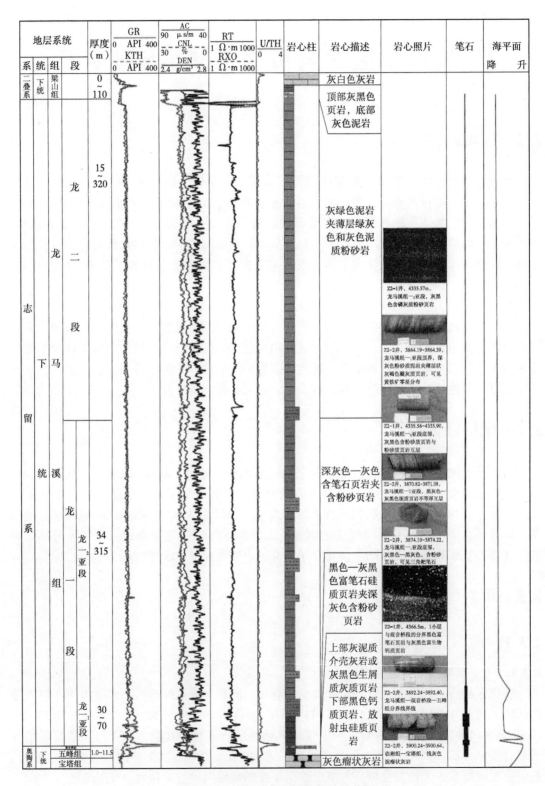

图 2-2-1 研究区龙马溪组标准柱状图

6

Z2-2井五峰组底部为灰绿色泥岩与黑色页岩不等厚互层，与下伏临湘组的泥瘤状灰岩不整合接触（图2-3-1b）。

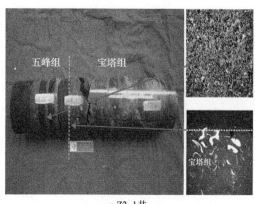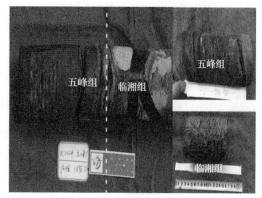

a.Z2-1井

b.Z2-2井

图2-3-1　Z2-1井（a）、Z2-2井（b）五峰组/临湘组/宝塔组分界线

2.3.1.2　志留系顶界划分

根据区域沉积背景分析确认，志留系通常与二叠系呈不整合接触。研究区Z2-1井、Z2-2井钻井、录井揭示研究区志留系石牛栏组—石炭系全部剥蚀，志留系龙马溪组直接与二叠系梁山组呈不整合接触。梁山组底部为灰黑色页岩浅灰色铝土质泥岩不等厚互层，龙马溪组绿灰色泥岩分界，呈平行不整合接触。在电性和地震反射层波形上也表现出了明显分界特征（图2-3-2和图2-3-3）。

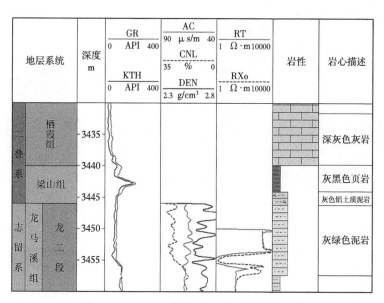

图2-3-2　Z2-2井梁山组/龙马溪组分界线

平面上，由南向北，志留系厚度逐渐减薄，高石6井钻井揭示中奥陶统—泥盆系全部被剥蚀，二叠系直接与下奥陶统呈不整合接触（图2-3-4）。研究区西南边的荣203井、黄202井开始出现石牛栏组，合201井、泸202井开始出现韩家店组（图2-3-5）。

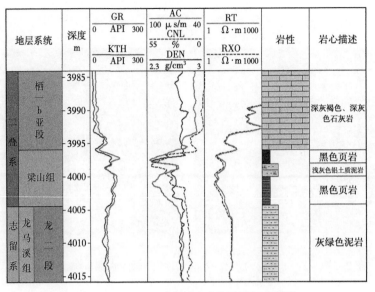

图 2-3-3　Z2-1 井梁山组/龙马溪组分界线

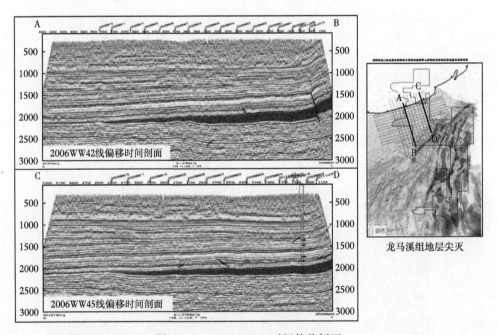

图 2-3-4　2006WW42 时间偏移剖面

2.3.1.3　龙马溪组顶底界划分

　　龙马溪组底界统一与上奥陶统五峰组呈整合接触，岩性界线为五峰组顶部的观音桥段，岩性界面较为清晰（图 2-3-6a、b）。通过岩心描述和薄片观察，研究区内观音桥段岩性为灰黑色含生屑泥页岩，与龙马溪组底部黑色富有机质页岩岩性差异明显。二者在电性上也表现出了一定差异性，观音桥段电测曲线表现为低电阻率和高电阻率特征；龙马溪组底部则表现为高电阻率和偏低的电阻率特点，自然伽马出现指状高值。由于五峰组观音

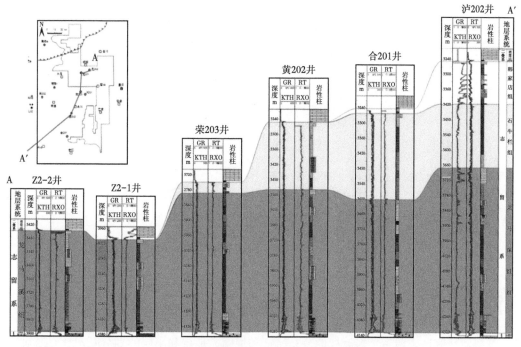

图 2-3-5　研究区志留系纵向连井剖面图

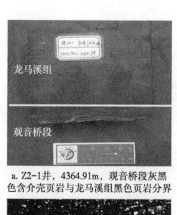

a. Z2-1井，4364.91m，观音桥段灰黑色含介壳页岩与龙马溪组黑色页岩分界

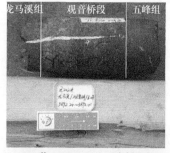

b. Z2-2井，3892.21m，观音桥段灰黑色含生屑泥岩与龙马溪组黑色页岩分界

c. Z2-1井 4364.99m，观音桥段，黑色钙质页岩与灰黑色富生物钙质页岩

d. Z2-2井 3891.20m，观音桥段，钙质生物（+）

图 2-3-6　大足区块下奥陶统五峰组和下志留统龙马溪组分层标志

桥段地层厚度较薄，且在该区域与上下地层岩性差异不大，反映在地震剖面上的振幅和波形特征不突出（图 2-3-7）。

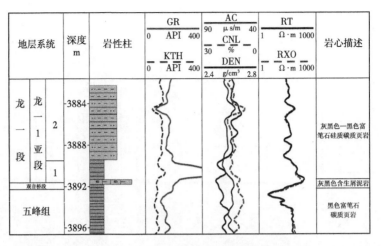

图 2-3-7　Z2-2 井五峰组—龙马溪组分层界线

2.3.2　地层划分与对比

2.3.2.1　小层划分

　　要搞清研究区志留系页岩储层的分布特征和规律，地层和小层的划分及对比是基础，本部分从地层的岩性、电性、古生物等几个方面入手进行地层和小层划分和对比，其中龙马溪组划分为龙二段和龙一段，龙一段进一步划分出龙一$_2$亚段和龙一$_1$亚段（图 2-3-8）。

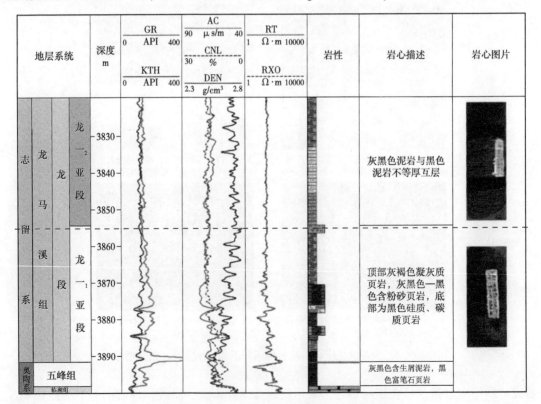

图 2-3-8　Z2-2 井龙一$_1$亚段和龙一$_2$亚段分界

龙一₁亚段作为川南地区龙马溪组页岩气主力产层，随着页岩气勘探开发的不段深入，以往分层方案较为粗糙，不能满足实际需求。因此本次研究依据岩性、电性、古生物将龙一₁亚段划分为 4 个小层，从上往下依次为龙一₁⁴小层、龙一₁³小层、龙一₁²小层、龙一₁¹小层，分别为 4 小层、3 小层、2 小层、1 小层（表 2-3-1），各小层岩性特征如图 2-3-9 所示。

表 2-3-1 研究区龙一₁亚段小层划分简表

地层			岩性特征	电性特征	古生物特征	笔石带	厚度 m
组	段	小层					
龙马溪组	龙一段	龙一₂亚段	深灰色—灰色含笔石页岩夹含粉砂页岩	低 GR、U、AC、RT，高 DEN	笔石较少，螺旋笔石、盘旋喇叭笔石	LM7-9	90~315
		龙一₁亚段 4	灰黑色粉砂质页岩	低 GR、U、AC、RT，呈低平箱体型，DEN 较高	笔石较少，三角半耙笔石	LM6	10~30
		龙一₁亚段 3	黑色、灰黑色富笔石页岩夹深灰色含粉砂页岩	高 GR、U、RT、AC、RT，向上降低	笔石丰富，曲背王冠笔石	LM5	3~9
		龙一₁亚段 2	灰黑色—黑色粉砂质页岩，粉砂质较下部增多	稳定箱状低 GR 与 1、3 小层相对高 GR 分界	笔石较 1 小层较少	LM2-4	3~10
		龙一₁亚段 1	黑色块状富笔石页岩	高 GR、U、AC、RT，低 DEN	笔石丰富，雕刻笔石	LM1	1~6
五峰组			顶部观音桥段介壳灰岩、生屑灰质页岩，下部为黑色页岩、黑色硅质页岩、黑色钙质页岩	界限为 GR 指状尖峰，高 GR 划入龙马溪组	顶部腕足介壳发育，标志生物为赫南特贝，下部为叉笔石属	WF1-4	0~10

2.3.2.2 地层展布特征

根据上述小层划分依据，对研究区龙马溪组富有机质页岩段进行了小层划分，并进行了小层连井对比、小层等厚图绘制。

从研究区及邻区五峰组—龙马溪组对比图可以看出，自北向南地层厚度逐渐增厚的趋势，龙一段厚度增加较为明显；自西向东地层厚度逐渐增厚趋势，龙二段厚度增加明显。从研究区及邻区五峰组—龙一₁亚段对比图可以看出，自北向南和自西向东地层厚度逐渐增厚趋势，其中龙一₁⁴小层厚度变化特征尤为明显（图 2-3-10）。

平面上，渝西地区五峰组—龙一₁亚段整体上呈现北东—南西条带状分布，远离乐山—龙女寺古龙起向斜坡区和坳陷区，地层厚度逐渐增加，靠近泸州和荣昌等区块地层厚度高值区（图 2-3-11 和图 2-3-12）。

2.3.3 岩相划分与展布特征

2.3.3.1 岩相划分

蒋裕强（2016）提出"TOC+矿物组成"两步法，既能表明页岩储层的生气能力，又能评价页岩的可压裂性。因此，本书在蒋裕强教授提出的岩相划分方案的基础上，建立针对本研究区优质页岩段岩相划分标准，并研究其特征。

a. 合201井，4073.23~4074.37m，
4小层，发育粉砂结核

b. 粉砂部分显微观察照片，粉砂
成分主要为陆源石英，被方解石、
黄铁矿部分交代，5倍（－）

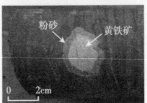

c. Z2-2井，3874.66~3874.80m，
4小层，黄铁矿同心结核，核部
主要成分为黄铁矿，核外为粉砂

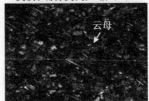

d. Z2-1井，4350.55m，4小层，
镜下见云母定向排列，20倍（＋）

e. Z2-2井，3885.7m，3小层，
黑色含粉砂页岩，镜下见硅质骨针

f. 威203井，3172.66~3172.81m，
3小层，发育黄铁矿纹层，厚约1.5cm

g. 威203井，3171.05m，3小层，
发育大量耙笔石

h. Z2-2井，3888.25m，2小层，
黑色纹层状粉砂质页岩

i. Z2-1井，4360.05m，1小层，
黑色页岩，富含大量笔石

j. 威206井，3796.21~3796.29m，
1小层，黄铁矿纹层

k. Z2-2井，3891.2m，1小层，
黑色块状页岩

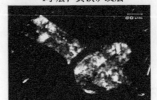

l. N203井，2392.7m，1小层，
镜下见硅质骨针（＋）

图 2-3-9　研究区龙马溪组龙一₁亚段各小层岩性特征照片

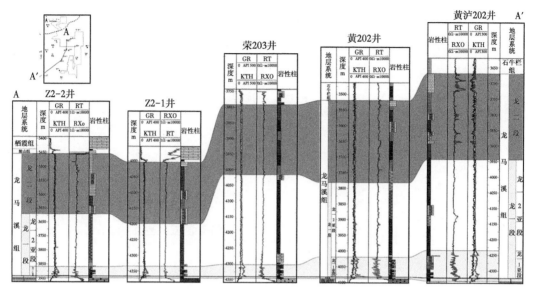

图 2-3-10　研究区及邻区五峰组—龙马溪组纵向连井剖面图

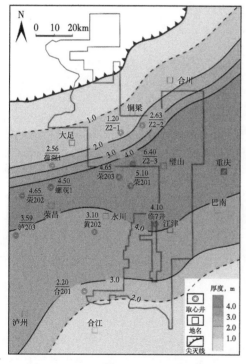

图 2-3-11　研究区龙马溪组富有机质
页岩段龙一${}_1{}^1$小层等厚图

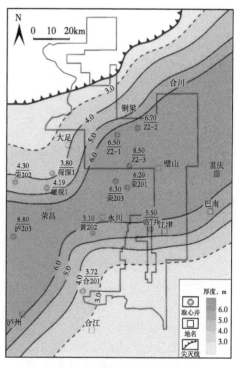

图 2-3-12　研究区五峰组富有机质
页岩段地层等厚图

　　研究区目的层段进行岩心取样，对所取岩心进行有机碳含量（TOC）及 X 射线衍射全岩矿物分析。基于所取样品的分析化验数据将其投影到三角图内（图 2-3-13），可以看出研究区主要发育 8 种页岩岩相：高碳硅质页岩岩相、中碳硅质页岩岩相、中碳碳酸盐质—

硅质页岩岩相、低碳硅质页岩岩相、低碳碳酸盐质—硅质页岩岩相、低碳硅质—碳酸盐质页岩岩相、特低碳硅质页岩岩相、特低碳黏土质页岩岩相。

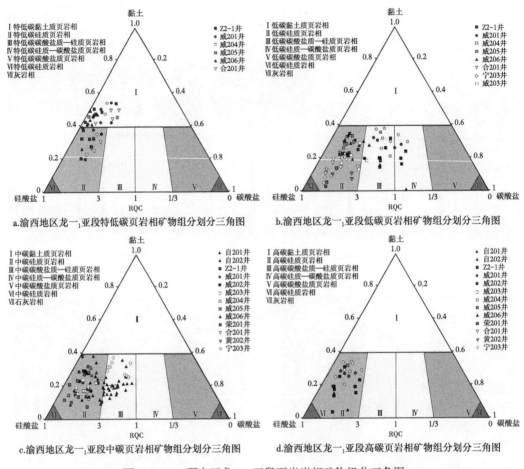

图 2-3-13　研究区龙一₁亚段页岩岩相矿物组分三角图

2.3.3.2　展布特征

以蜀南地区 25 口评价井的岩心实测数据为基础，进行岩相展布特征研究，建立该地区优质页岩段岩相纵向、横向连井剖面，研究纵向、横向页岩岩相组合类型、厚度变化特征，明确岩相类型发育位置。在此基础上，勾画岩相平面分布图，研究岩相平面展布特征，可为页岩气勘探选区评价提供重要地质依据。

（1）岩相纵向特征。

大足—荣昌地区，以 Z2-1 井和 Z2-2 井为例，发育 7 种岩相类型（图 2-3-14、图 2-3-15）。自下向上，1 小层整体发育高碳硅质页岩，厚 5.1m，高 TOC 与自然伽马高峰值对应。2 小层发育厚层的低碳硅质页岩岩相夹薄层状中碳碳酸盐质—硅质页岩岩相，其中，低碳硅质页岩厚 6m，占 2 小层厚度的 63.6%。3 小层分布以中碳硅质页岩岩相为主，厚5m，占 3 小层厚度的 50.6%。其间向上依次夹三层岩相，一层中碳碳酸盐质—硅质页岩岩相（厚 1.8m）、一层中碳硅质—碳酸盐质页岩岩相（厚 1.0m）、一层高碳碳酸盐质—硅质页岩岩相（厚 1.4m）。4 小层发育 5 种岩相类型，主要分布中碳硅质页岩相，厚约 10m，占 4 小层厚度的 51%。

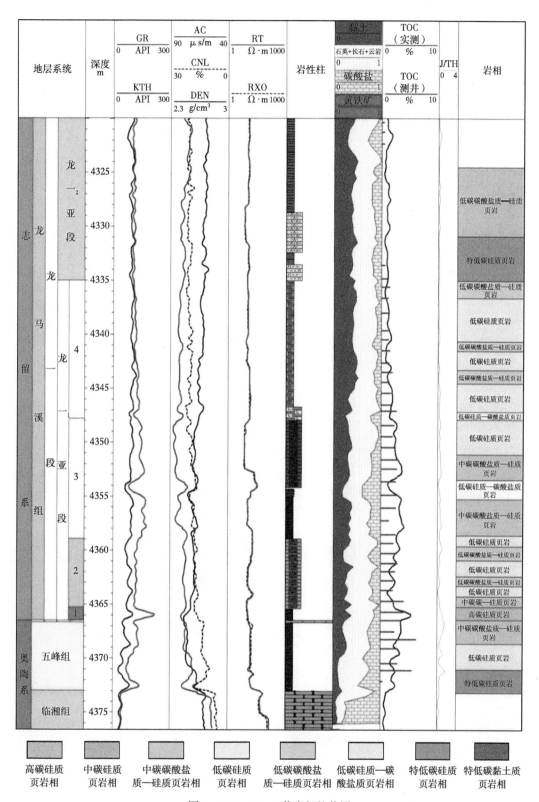

图 2-3-14 Z2-1 井岩相柱状图

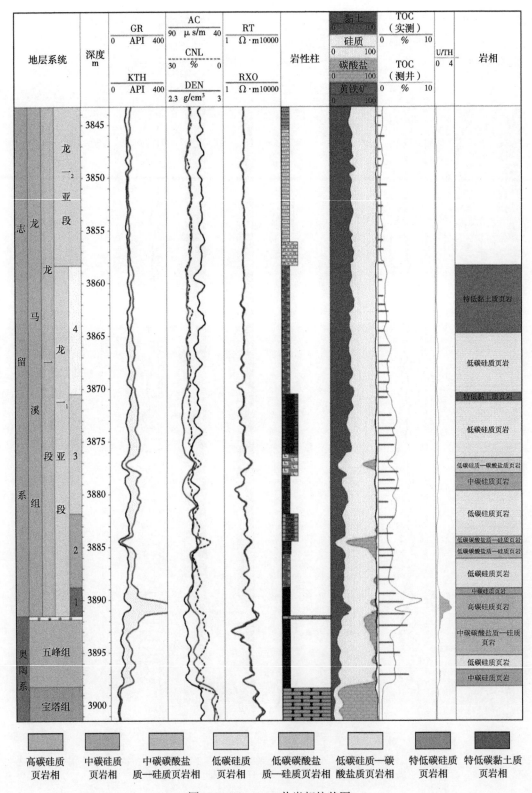

图 2-3-15 Z2-2 井岩相柱状图

（2）岩相横向特征。

在该研究区选取了近北东向和近西北—东南向的 2 条连井，建立了横向岩相分析剖面，研究目的层段页岩岩相在横向上岩相组合类型及厚度的变化规律。

通过近北东向横向连井剖面看出（图 2-3-16），1 小层整体分布高碳硅质页岩相。2 小层，北西向威 202 井区以中碳硅质页岩相为主，南东向宁 203 井区、合 201 井区、黄 202 井区以高碳碳酸盐质—硅质页岩岩相为主。3 小层，威 202 井区以高碳碳酸盐质—硅质页岩岩相为主，宁 203 井区、合 201 井区、黄 202 井区以高碳硅质页岩相为主。4 小层以中碳硅质页岩相为主，顶部分布特低碳黏土质页岩相。

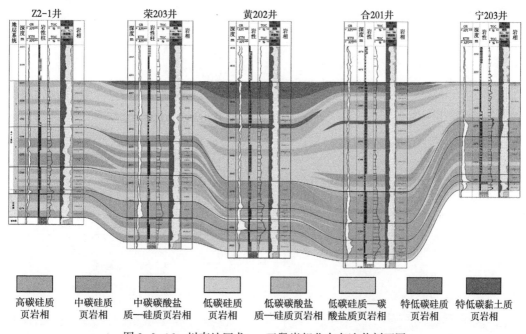

高碳硅质页岩相　中碳硅质页岩相　中碳碳酸盐质—硅质页岩相　低碳硅质页岩相　低碳碳酸盐质—硅质页岩相　低碳硅质—碳酸盐质页岩相　特低碳硅质页岩相　特低碳黏土质页岩相

图 2-3-16　川南地区龙一₁亚段岩相北东向连井剖面图

近西北—东南向的横向连井剖面，页岩岩相类型变化较明显（图 2-3-17）。威远井区岩相类型交叠最频繁。1 小层整体均发育高碳硅质页岩岩相，威 206 井区与荣 202 井区发育的高碳硅质页岩相厚度较薄，其他井区厚度相当，高碳硅质页岩相厚度范围为 3.4～5.6m，且连续性最好，高 TOC 对应测井曲线高伽马段。2 小层，自西向东，从威 202 井区至荣 202 井区主要分布低碳硅质页岩相为主，低碳硅质页岩相厚度逐渐增厚。其间夹有薄层状的中碳碳酸盐质—硅质页岩岩相、低碳碳酸盐质—硅质页岩岩相。3 小层，威 202 井区、威 204 井区主要分布中碳碳酸盐质—硅质页岩相，自西向东，从威 206 井至荣 202 井、主要分布中碳硅质页岩相，厚度逐渐增厚，其间夹薄层状的中碳碳酸盐质—硅质页岩相、中碳碳酸盐质—硅质页岩相，岩相连续性较差。4 小层，岩相类型多，岩相连续性差。顶层发育特低碳黏土质页岩岩相，厚度不等，从威远井区向荣昌井区，低碳黏土质页岩岩相厚度逐渐减薄（威 206 井最厚达 8m）。

（3）岩相平面特征。

五峰组—龙马溪组存在两次全球性海平面上升过程。第一次海平面上升结束后，龙马溪组开始沉积，第二次海进开始于 2 小层沉积结束。1 小层及 2 小层处于第一次海退时期，

3小层及4小层处于第二次海退时期（图2-3-18至图2-3-21）。

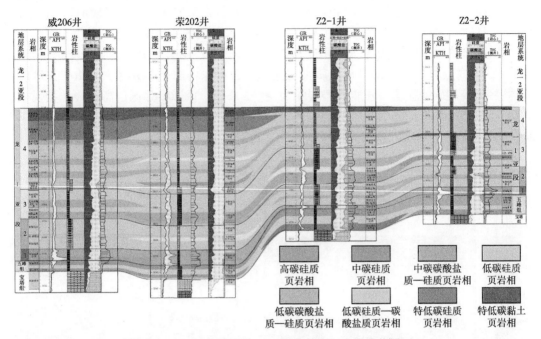

图 2-3-17　川南地区龙一₁亚段岩相西—东向连井剖面

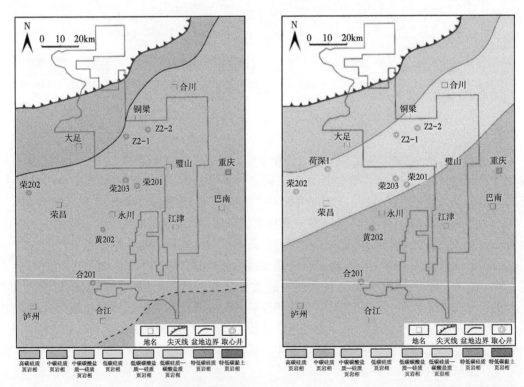

图 2-3-18　龙一₁亚段1小层岩相平面分布示意图　图 2-3-19　龙一₁亚段2小层岩相平面分布示意图

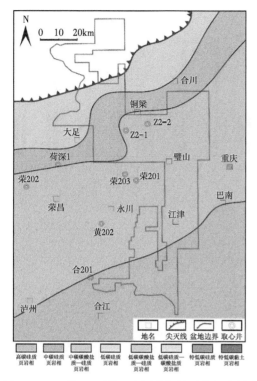
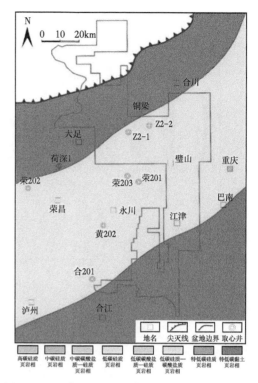

图 2-3-20　龙一₁亚段 3 小层岩相平面分布示意图　　图 2-3-21　龙一₁亚段 4 小层岩相平面分布示意图

2.3.4　储层特征与综合评价

页岩储层质量是影响页岩产能的重要条件,因此有必要对储层进行精细表征和定量评价。本部分利用岩心分析化验资料及测井解释成果等对研究区五峰组以及龙马溪组龙一₁亚段四个小层储层特征进行分析,通过单井纵向分析、连井横向对比以及平面分析对目的层段页岩储层的有机地球化学、矿物组成、物性、储渗空间和含气性等五个方面的参数进行了储层精细表征。

2.3.4.1　有机地球化学特征

有机地球化学特征研究表明,研究区 TOC 在纵向上有逐渐减小的趋势,整体分布在 0.34%~6.23%,平均值为 2.96%(图 2-3-22)。龙马溪组富有机质页岩段各小层 TOC 含量纵向上和区域上差异性明显(图 2-3-23 至图 2-3-26):纵向上,龙一₁¹ 小层和龙一₁³ 小层 TOC 平均值相对较高,龙一₁² 小层和龙一₁⁴ 小层 TOC 平均值相对较低;区域上,龙一₁¹ 小层 TOC 变化不大,均值普遍大于 4.0%;龙一₁² 小层 TOC 在长宁地区相对较高,均值地区为 3.58%,威远地区和渝西地区相对较低,均值在 3.0% 以下;龙一₁³ 小层 TOC 均值在威远地区相对较低,均值为 2.49%,长宁地区和渝西地区均值在 3.0% 以上,其中长宁地区均值达 4.16%;龙一₁⁴ 小层 TOC 均值在长宁地区和威远地区相对较高,在 2.0% 以上,渝西地区则在 2.0% 以下。干酪根镜检及镜质组反射率实验表明,研究区有机质类型主要为 I—II₁ 干酪根,等效镜质组反射率在 2.0% 以上,说明龙马溪组页岩有机质处于高—过成熟阶段。

19

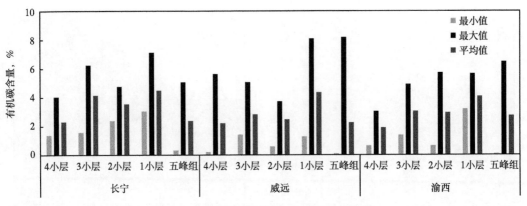

图 2-3-22 川南各区块各小层 TOC 对比图

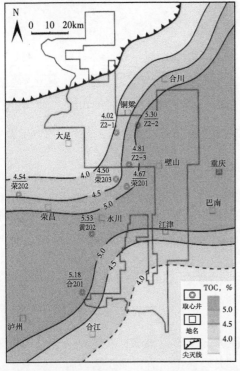

图 2-3-23 龙一₁亚段 1 小层 TOC 等值线示意图　　图 2-3-24 龙一₁亚段 2 小层 TOC 等值线示意图

2.3.4.2 储层基本特征

本次研究对取自于渝西区块 Z2-1 井和 Z2-2 井五峰组—龙马溪组共计 290 个样品的岩心孔隙度进行分析。研究区各小层孔隙度变化明显，其中五峰组孔隙度介于 0.47% ~ 6.48%，平均值为 3.84%，龙马溪组（1~4 小层）孔隙度为 1.17% ~ 7.77%，平均值为 4.53%（图 2-3-27）。综合来看，研究区龙马溪组孔隙度整体较高，而且纵向上从下往上，孔隙度依次呈减小的趋势。平面上，渝西地区五峰组—龙马溪组优质页岩段孔隙度较低，整体形态呈东北~西南方向条带状展布，且孔隙度往西南方向有增高的趋势（图 2-3-28、图 2-3-29）。

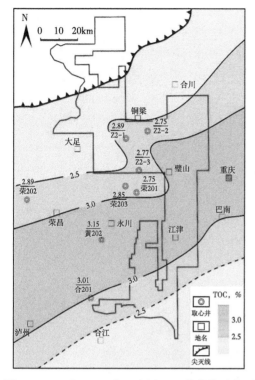

图 2-3-25　龙一₁亚段 3 小层 TOC 等值线示意图　　图 2-3-26　龙一₁亚段 4 小层 TOC 等值线示意图

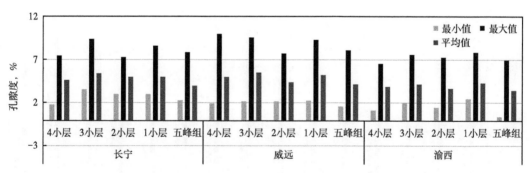

图 2-3-27　川南各区块各小层孔隙度对比图

2.3.4.3　含气性特征

（1）含气量特征。

研究区含气量测试分析表明，纵向上，富有机质页岩段含气量与 GR 曲线形态变化趋势较为吻合，在高 GR 峰对应为含气量高峰，低 GR 峰对应含气量低峰。含气量在纵向上的变化趋势与邻区一致（图 2-3-30）；龙马溪组页岩含气量向上递减，其中 1 小层含气量最大。通过对研究区及威远、长宁区块五峰组—龙马溪组富有机质页岩段含气量对比研究发现：本区块优质页岩含气量整体略高。

平面上渝西地区五峰组—龙马溪组页岩含气量整体呈现北东—南西条带状分布。远离古隆起区，靠近沉积中心的区域页岩含气量呈增大趋势；靠近泸州、荣昌等区块是含气量高值区（图 2-3-31、图 2-3-32）。

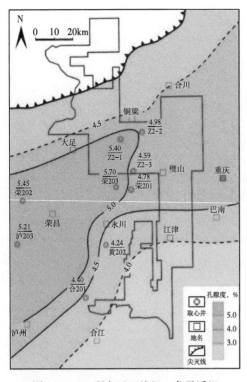

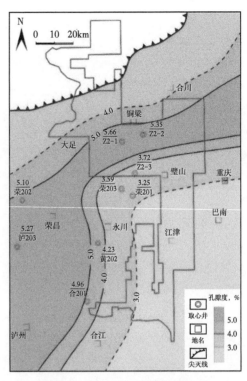

图 2-3-28　研究区五峰组—龙马溪组
孔隙度分布示意图

图 2-3-29　研究区五峰组孔隙度
分布示意图

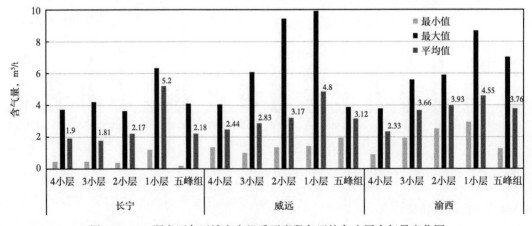

图 2-3-30　研究区各区域富有机质页岩段各区块各小层含气量变化图

（2）含气性主控因素。

通过相关性研究认为，含气量与黏土、石英及 TOC 相关关系较为明显（图 2-3-33）。研究区富有机质页岩段含气量与 TOC 相关关系存在拐点，当 TOC<4.0% 时，呈明显的正相关关系；当 TOC>4.0% 时，相关关系变得不明显，主要因为研究区含气量受 TOC 影响较大，含气量主要与物质来源相关，生物硅含量越高，TOC 越高，含气量越高。研究区富有机质页岩段石英成分以生物石英为主，使得 TOC 随石英含量的增加而增大，而由于在陆棚沉积中，陆源的黏土可能对有机质含量进行稀释（张建坤等，2017），造成 TOC 随黏土矿物含量的增加而减小，这样导致含气量与石英呈正相关关系，而与黏土矿物含量呈负相关关系。

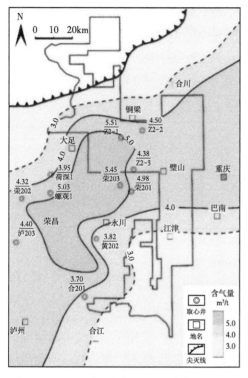

图 2-3-31 五峰组含气量平面等值线示意图

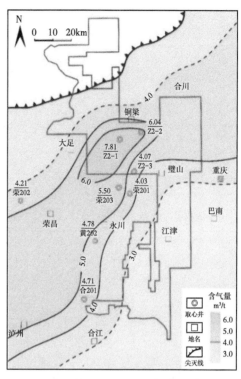

图 2-3-32 五峰组—龙马溪组含气量平面等值线示意图

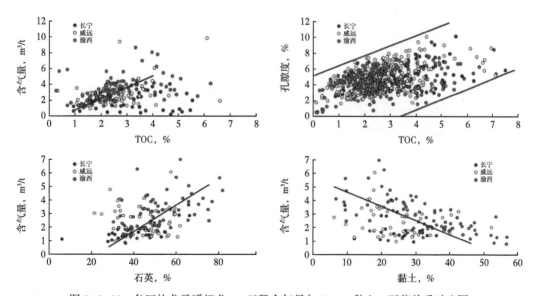

图 2-3-33 各区块龙马溪组龙一$_1$亚段含气量与 TOC、黏土、石英关系对比图

2.3.4.4 储层综合评价

（1）储层评价标准建立。

在研究页岩气储层特征的基础上，参考长宁、威远两个海相国家页岩气示范区龙马溪组各项关键参数之间的相关性，依据研究区实际勘探开发情况，利用储层评价的结果，提出研究区页岩气储层评价标准（表2-3-2）。

表2-3-2　大足地区页岩储层分类综合评价标准

项目	评价参数	分类			单项参数	单项分类后权重系数		
		I	II	III	单项权重	I权重	II权重	III权重
烃源岩	TOC, %	>4	2~4	<2	0.3	1	0.7	0.4
物性特征	孔隙度, %	>4	3~4	<3	0.2	1	0.7	0.4
含气性	含气量, m^3/t	>5	3~5	<3	0.3	1	0.7	0.4
可压裂性	黏土含量, %	<30	30~50	>50	0.1	1	0.7	0.4
	含水饱和度, %	<30	30~50	>50	0.1	1	0.7	0.4

（2）优质储层分布特征。

据上述标准对研究区Z2-1井和Z2-2井五峰组—龙一₁段进行了储层综合评价。Z2-1井五峰组—龙一$_1$亚段（4373.32~4335.02m）优质储层厚为30.24m，Ⅰ类储层厚度为7.34m，Ⅱ类储层厚度为22.90m；Z2-2井五峰组—龙一$_1$亚段（3898.25~3864.35m）优质储层厚31.00m，Ⅰ类储层厚度为7.80m，Ⅱ类储层厚度为22.80m。五峰组—龙马溪组优质页岩储层平面分布与TOC、孔隙度、含气性等具有相似的特征，沿北东南西向距沉积中心较近的区域优质页岩储层较厚。

2.4　页岩气赋存状态及保存条件

2.4.1　储层微观空间表征

开展了4口井18个样品的聚集离子束扫描电镜（FIB-SEM）和30个样品的氩离抛光扫描电镜（SEM），对五峰组—龙马溪组页岩储层孔隙结构进行了三维表征。

2.4.1.1　FIB-SEM三维图像分析

从聚集离子束扫描电镜通过对页岩样品的连续切割和成像，能够在纳米级尺度上三维重建页岩的空间分布。依据不同岩石组分灰度值的差异，可以将页岩内的孔隙、有机质、黄铁矿等分割提取出来，不仅可以三维展示其空间分布形态，还可以对孔隙的分布特征和孔隙度等参数进行定量计算。聚集离子束扫描电镜在页岩纳米级孔隙中的应用，将给页岩微观结构的深入研究提供新的研究手段。此次共送Z2-2、Z2-3、Z2-5、Z2-6四口井18个样。

从Z2-3井等SEM分析结果看，主力含气层具有较好的有机质孔隙，孔隙半径多在20~200nm，无机孔孤立存在（图2-4-1）；渝西地区页岩孔隙结构与半径类似于中国石化南川区块，略差于中国石油川南地区。根据FIB-SEM（15~200nm孔径）孔隙主要发育于矿物周围有机质内，分布不均匀，连通性较好（图2-4-2）；有机质孔发育的储层孔径主体分布在60~200nm之间，有机质孔不发育的储层孔径主要在20nm左右。

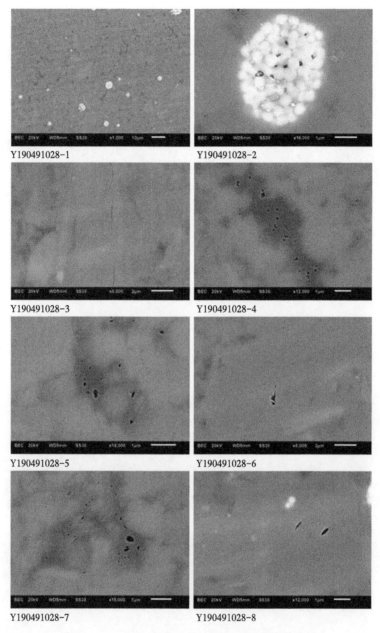

Y190491028-1   Y190491028-2

Y190491028-3   Y190491028-4

Y190491028-5   Y190491028-6

Y190491028-7   Y190491028-8

图 2-4-1   Z2-3 井龙一$_1^1$小层氩离抛光扫描电镜

2.4.1.2   三联法孔隙测试

采用压汞法、二氧化碳和氮气吸附三联法对深层页岩进行孔径测试后，表明 10nm 以下孔径体积占比过半；其中 Z2-5 井、Z2-6 井大孔占比多于 Z2-2 井、Z2-3 井，如图 2-4-3 所示。

经过数据统计，Z2-2 井和 Z2-3 井 0.38~10nm 体积占比约是 70%，Z2-6 井占比约是 50%，Z2-5 井约占 55%；Z2-2 井 10~20nm 占比是 7%，Z2-3 井占比 11.7%，Z2-5 井占比 29.5%，Z2-6 井占比 28.8%。

图 2-4-2 FIB-SEM 三维分析图

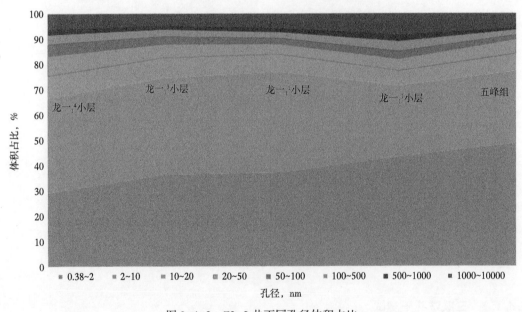

图 2-4-3 Z2-2 井不同孔径体积占比

2.4.2 赋存状态研究

2.4.2.1 储层吸附能力评价

对采自 Z2-5 井和 Z2-6 井的 3 个岩心样品开展了地层状态的等温吸附实验（地层压力>70MPa、地层温度>109℃），评价储层的吸附能力，讨论气体赋存状态。

（1）Z2-5 井等温吸附。

龙一$_1^1$ 小层地层压力为 67MPa，要降到 20MPa 以下才可能有规模吸附气解析出来。压力差达到了 47MPa，因此前期生产解析气出气量少（图 2-4-4）。

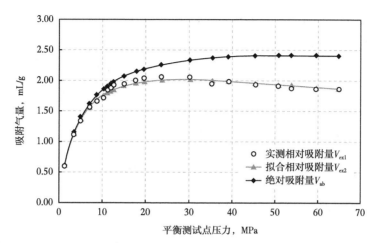

图 2-4-4　Z2-5 井龙一$_1^1$ 小层 3344.41~3344.68m 井段页岩等温吸附实验曲线

（2）Z2-6 井等温吸附。

如图 2-2-5 所示，五峰组地层压力为 85MPa，要降到 20MPa 以下才可能有规模吸附气解析出来。压力差达到了 65MPa，因此前期生产解析气出气量少。

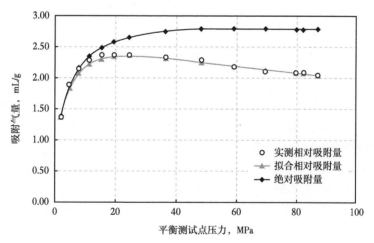

图 2-4-5　Z2-6 井五峰组 4268.68~4268.92m 井段页岩等温吸附实验曲线

如图 2-4-6 所示，龙一$_1^1$ 小层地层压力为 85MPa，要降到 20MPa 以下才可能有规模吸附气解析出来。压力差达到了 65MPa，因此前期生产解析气出气量少。

2.4.2.2　吸附气/游离气关系方程

（1）游离气与吸附气含量计算模型建立。

一般来说，页岩气总含气量等于游离气含量和吸附气含量之和。本书应用的方法主要为：

吸附气量=有机质含量×单位质量有机质吸附气含量+黏土矿物含量×单位质量黏土矿物吸附气含量+其他矿物含量×单位质量其他矿物吸附气含量

27

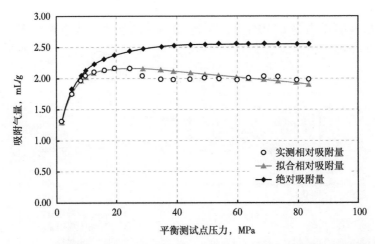

图2-4-6　Z2-6井龙一$_1^1$小层14267.83~4268.01m井段页岩等温吸附实验曲线

游离气含量＝（总孔隙度-吸附气孔隙度）×含气饱和度÷（地层密度×体积系数）

吸附气量计算模型

通过Z2-2井61个样品黏土矿物X射线衍射结果表明，样品主要含伊利石和绿泥石，平均含量分别为68.95、28%，仅9.8%、3.2%的样品含少量伊/蒙混层和高岭石。且渝西区块龙马溪组—五峰组主力含气层黏土矿物中伊利石和绿泥石含量相对稳定。与威远、长宁、焦石坝等地区相比，该区伊利石和绿泥石明显高于其他地区。通过对前期文献的调研，蒙皂石、伊/蒙混层、高岭石、绿泥石与伊利石最大吸附量的相对比值分别为6.46、2.38、1.74、1.22。根据Z2-2井等温吸附气量与有机碳和等效伊利石含量拟合关系式［式（2-4-1）］可以得出有机碳和伊利石的吸附能力值分别为53.19m³/t、0.82m³/t：

$$G_{吸附}=TOC×ATOC+Ie×Aie+B \qquad (2-4-1)$$

式中，$G_{吸附}$为样品地层条件下等温吸附值；TOC为样品有机碳含量；Ie为样品等效伊利石含量；ATOC为有机碳吸附能力；Aie为伊利石吸附能力；B为校正系数。

（2）利用模型进行测井二次解释。

经过优选确定了测井有机碳含量、孔隙度以及含气饱和度的计算方法，根据井区情况重新校正体积系数，在此基础上对Z2-2井和Z2-3井进行了测井二次解释。结果显示，与Z2-2井相比，Z2-3井整体有机碳含量偏低，五峰组仅为1.2%，但孔隙度高，游离气占比高。Z2-3井与Z2-2井相比，其含气饱和度低7%~29%、孔隙度高1%~2%、主力层厚度厚17.2m、气体膨胀系数高40、资源丰度高2×10⁸m³/km²（图2-4-7和图2-4-8）。

2.4.2.3　页岩气吸附气/游离气（赋存状态）产出动态模拟

大多数商业数值模拟器都只能模拟分析常规气藏。常规气藏中的天然气储存在单一孔隙介质中，而页岩气藏中的天然气储存在基质和裂缝构成的双重孔隙介质中，因此选用目前通用流行的商业数值模拟软件Eclipse组分模块进行开采动态模拟研究。

（1）页岩气模拟考虑因素。

基于页岩储层中的天然气同时储存在基质系统和天然裂缝系统内，其中吸附气赋存于基质内，并吸附在页岩有机物上，游离气赋存于页岩储层的裂缝孔隙和基质孔隙内。Eclipse页岩气模块可对多孔隙系统进行描述，即在双重介质系统基础上，其中吸附气储存

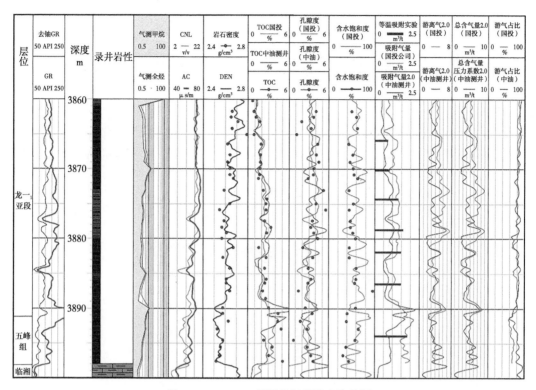

图 2-4-7 Z2-2 井测井解释综合柱状图

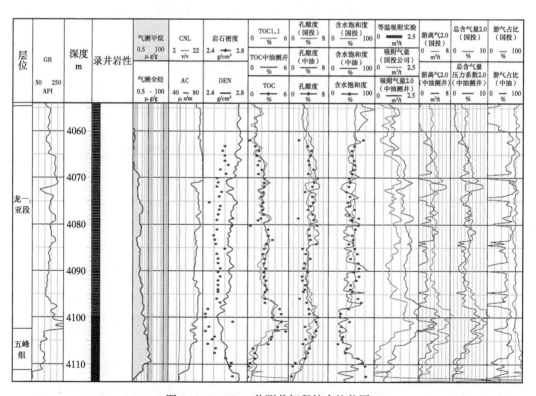

图 2-4-8 Z2-3 井测井解释综合柱状图

在基岩体积中，游离气则储存在孔隙体积中。因此，本书主要考虑因素有组分模型，双重孔隙系统，页岩等温解吸，页岩基质孔隙传质扩散、天然裂缝和人工裂缝渗流机理。

（2）页岩气模拟模型。

运用 Eclipse 数值模拟软件页岩气藏模块建立三维地质模型，地质模型中心设置一口水平井，水平井长度为 1500m，分段压裂 27 级（图 2-4-9），通过控制网格尺寸来模拟分段压裂裂缝及天然裂缝，基准方案的模型网格数为 75×15×5，其中基质嵌套子网格数为 4，模型大小为 1500m×300m×50m（表 2-4-1）。在建立气藏单井模型时，页岩气藏的特性，如基质、裂缝系统渗透率、Langmuir 压力常数、基质—裂缝耦合因子（Sigma）、气体扩散系数、吸附气的吸附—解吸过程遵循 Langmuir 等温吸附定律。

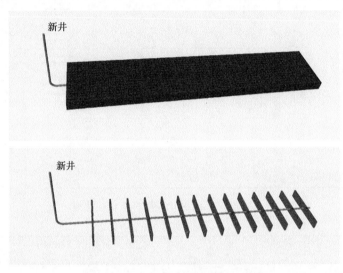

图 2-4-9　单井模型及分段压裂设置

表 2-4-1　模型参数设置

参　数	数　值
网格系统，个	75×15×5
水平井长度，m	1500
压裂裂缝间距，m	50
压裂裂缝半长，m	150
裂缝传导率，mD·m	500
基质渗透率，nD	123.74
裂缝渗透率，mD	0.5
基质孔隙度	0.0394
裂缝孔隙度	0.001

（3）页岩气模拟动态。

设置模型原始地层压力为 85.0MPa，地质储量 $3.61×10^8 m^3$。而页岩气藏的特殊储层特征决定了页岩气具有特殊的渗流方式，从宏观和微观流动特征分析，页岩气在双重介质中的流动是一个复杂的多尺度的流动过程，运移产出机理特殊，同时页岩储层压力的降低是使页岩气发生解吸和运移的直接动力。页岩气井在投产初期的产气量高，这部分气主要是来源于聚集在基质孔隙和裂缝孔隙中的游离气，但递减较快；随着游离气不断被采出，以及地层水被采出，地层压力也在不断降低，吸附于页岩基质表面的天然气开始慢慢解析，在浓度差的作用下运移至裂缝，最后进入井筒被采出。后期产量递减缓慢，气井生产年限较长。图 2-4-10 为模拟模型压力及储量分布变化特征。

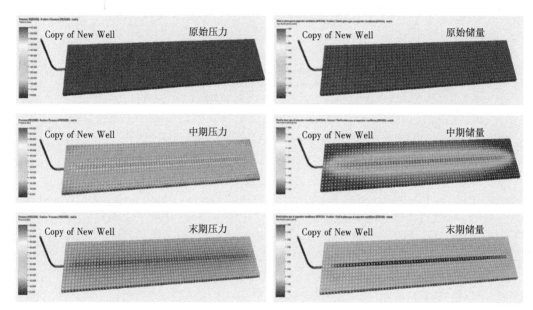

图 2-4-10 模型压力及储量分布

（4）页岩气模拟预测结果。

30 年预测结果表明，随生产进行，水平井改造箱体的压力下降，吸附气将逐渐解析参与流动，原始吸附气产量逐渐上升；生产后期主要以产出原始吸附气为主。

因页岩储层的复杂地质特征导致总体采收率较低；预测 30 年期末累计产气量为 $15003.25 \times 10^4 m^3$，采出程度为 41.56%。其中自由气累计产量为 $13785.14 \times 10^4 m^3$，占比 91.88%；吸附气累计产量为 $1218.11 \times 10^4 m^3$，占比 8.12%。

随生产进行，原始自由气产量快速递减，自由气产量占比逐渐降低；因地层压力下降，吸附气解析参与流动，因此原始吸附气累计产量逐渐上升。因原始自由气储量占比高，且初期主要快速产出裂缝系统自由气；而吸附气由于解吸慢，解吸后的页岩气在机制孔隙中渗流慢，因此自由气累计产量占比总体高于吸附气累计产量（图 2-4-11、图 2-4-12、表 2-4-2）。

表 2-4-2 模型 30 年开发动态指标表

类别	储量 $10^8 m^3$	储量比例 %	累计产量 $10^4 m^3$	累计产量比例 %	采出程度 %
自由气	2.89	80.06	13785.14	91.88	47.70
吸附气	0.72	19.94	1218.11	8.12	16.92
合计	3.61	—	15003.25	100.00	41.56

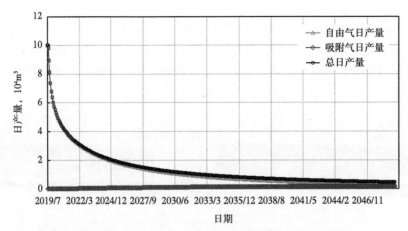

图 2-4-11　模型总产量、自由气和吸附气日产气量变化图

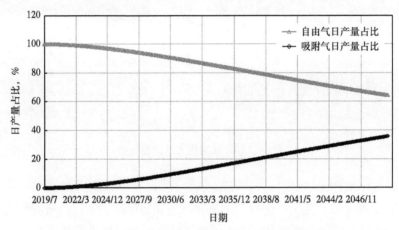

图 2-4-12　模型自由气、吸附气日产气量占比变化图

2.4.3　保存条件评价模式

2.4.3.1　埋藏热演化研究

（1）Z2-2 井构造演化剖面恢复。

利用平衡剖面技术对过 Z2-2 井进行了构造演化剖面的恢复，经地层层层的回剥技术，还原了原来的构造演化过程（不考虑剥蚀量）。构造演化剖面分析表明，西山背斜形成于印支期三叠纪（图 2-4-13）。

三叠系须家河组镜质组反射率对比表明：向斜区须家河组历史最大埋深要比背斜深。结合埋藏热演化史图可知，白垩纪之前背斜和向斜继承性存在了。电子自旋共振（Electron Spin Resonance，简称 ESR）化验分析样品反映出根据同一层位、不同构造背景镜质体反射率和断裂胶结物 ESR 测年，巴岳山断褶构造继承性发育，更新世仍有活动。

（2）Z2-1 井区、Z2-2 井区埋藏演化史。

在渝西—川中地区地层对比基础上，结合渝西地区二维地震剖面、沉积水表面温度、古热流值、古水深等参数，根据 Z2-1 井、Z2-2 井相关数据使用 PetroMod 软件绘制了 Z2-

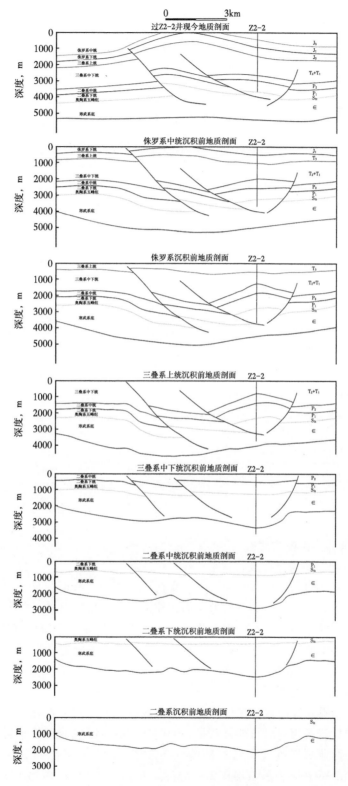

图 2-4-13 过 Z2-2 井构造演化剖面

1井区、Z2-2井区埋藏演化史图。从Z2-2井、Z2-1井五峰组—龙马溪组热演化史图（图2-4-14）可以看出，该地区热演化经历了泥盆纪—石炭纪—早二叠世、中三叠世、晚白垩世以后三次较长时间的停滞，表明该地区经历了三次较大规模的构造运动。大致在240Ma三叠纪末期五峰组—龙马溪组泥页岩成熟开始大量生烃（以油为主），190Ma侏罗纪早期泥页岩过成熟开始生气。从埋藏演化史图（图2-4-15）可以看出，构造持续抬升主要在白垩纪后期，发生于泥页岩大量生气之后。生气主要从早侏罗世至早白垩世。

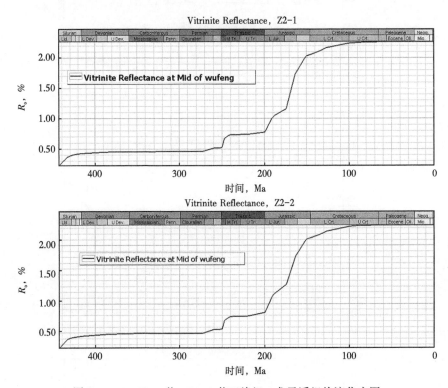

图2-4-14　Z2-1井、Z2-2井五峰组—龙马溪组热演化史图

2.4.3.2　保存条件评价模式建立

（1）三叠系膏岩层与保存条件。

膏盐层对页岩气的保存具有有利影响。膏盐层有利于下部地层异常压力的形成。四川盆地三叠系膏盐层的存在，为其下部地层形成异常压力提供良好的条件，同时也为其下部地层油气的聚集和保存起到良好的封盖作用。渝西地区单井膏岩层厚度统计见表2-4-3。渝西区块膏盐层基本分布在100m左右，有利于其下部地层压力的形成；对页岩气的保存具有重要作用（图2-4-16）。

（2）异常高压与保存条件。

异常高压对于页岩气而言，主要作用是形成较好的封闭箱，保存条件好；同一储层空间，储存更多的页岩气相对而言能量较足，因此异常高压已成为评价页岩气中的一个重要指标。我国目前商业页岩气气田基本都具有异常高压的特点。渝西区块Z2-2井、Z2-1井、Z2-3井和Z2-6井压力系数均在2.0左右，属于异常高压，因此保存条件好。

（3）断裂与保存条件。

断裂主要分为四级：Ⅰ级断裂、Ⅱ级断裂、Ⅲ级断裂和Ⅳ级断裂。Ⅰ级断裂断至地表，

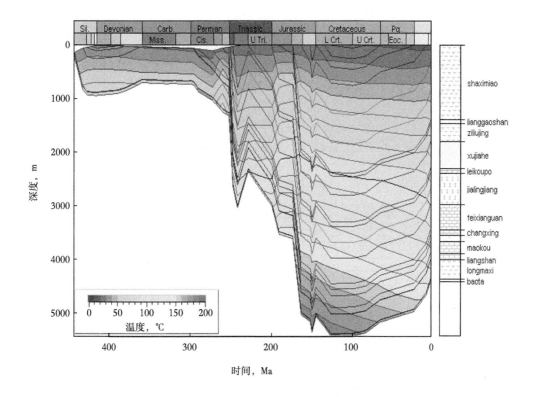

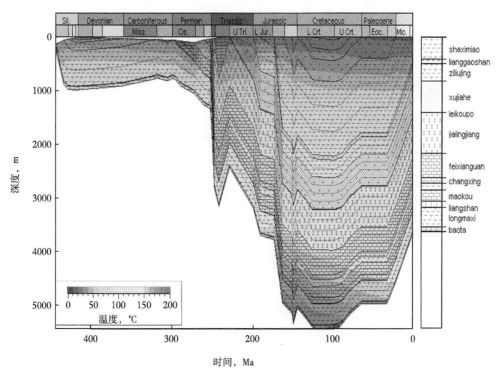

图 2-4-15　Z2-1 井、Z2-2 井五峰组—龙马溪组埋藏演化史图

表 2-4-3   渝西区块膏盐层厚度分布统计表

井号	层位	深度，m	小层厚，m	总厚，m
Z2-6	嘉五段	2166~2472	10	80
	嘉四段		18	
	嘉二段		52	
Z2-5	嘉五段	1098~1434	2	94
	嘉四段		36	
	嘉二段		56	
Z2-3	嘉四段	1922~2218	32	82
	嘉二段		50	
Z2-2	嘉五段	1468~2008	4	132
	嘉四段		82	
	嘉二段		56	

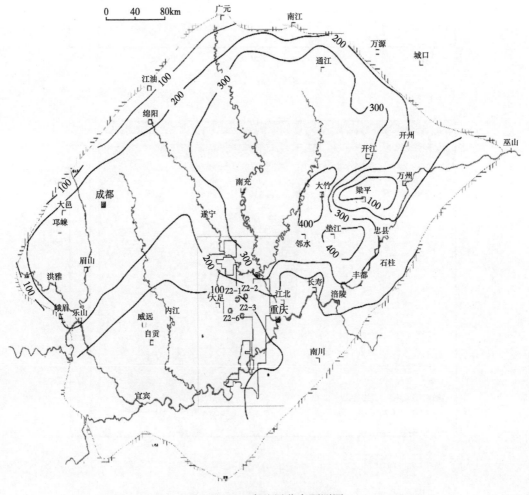

图 2-4-16   膏盐层分布预测图

控制构造；Ⅱ级断裂断开至二叠系或三叠系，断距 100~300m；Ⅲ级断裂断开志留系内部，断距 40~100m；Ⅳ级断裂仅断开龙马溪内部，断距 20~40m。长宁地区部分井组离Ⅰ级断裂距离小于 700m，保存则有较大影响（表 2-4-4）；Ⅱ级断裂对页岩气井保存影响小，如宁 201Hx-x 井设计水平段过宁 45 二级断层北部末端，实钻未钻遇明显断层，地层也未见明显变形，该井试油测试 $19.23×10^4m^3/d$；Ⅲ级断裂对页岩气井保存影响小。宁 201HX-X 井设计水平段过龙 20 井Ⅲ级断层，导致轨迹进入下盘龙一$_1^4$ 小层（出设计箱体），后经 240m 后钻回箱体。该井试油测试 $35.17×10^4m^3/d$。

表 2-4-4　长宁区块一级断层与水平段距离与产量统计表

井号	水平段长 m	套压 MPa	油压 MPa	距断裂距离 m	投产时间 mon	累计产气量 10^4m^3
YS108H1-2	1510	10.97	4.8	450	8	230.15
YS108H1-4	1510	16.73	16.75	750	14	3791.60
YS108H1-6	1060	5.6	5.6	1500	14	2502.19
YS108H1-8	1529	7.71	7.72	990	14	2970.76

焦石坝资料表明，Ⅱ级断裂、Ⅲ级断裂对页岩气井保存影响小。焦石坝区块焦页 6-2HF 井和焦页 6-3HF 井距中小断层 0~400m，也取得高产。

总而言之，Z2-2 井区、Z2-3 井区只发育了 3 条Ⅰ级断裂，远离断裂保存条件好；Z2-1 井位于向斜区，大断裂不发育，保存条件好。

（4）顶底板与保存条件。

结合前人研究认为，如果单从岩性组合来分析，则上覆层砂岩—目的层页岩—下盖层石灰岩的组合方式产量是最高的：美国的 Haynessville 平均日产气 $40×10^4m^3$（Haynessville 页岩气藏 275 口井统计表明初始平均单井日产气 $27.6×10^4~54.5×10^4m^3$），焦石坝日产气 $11×10^4m^3$。上页下灰 Marcellus 页岩平均日产气 $9.8×10^4m^3$；上灰下砂 Fayetteville 平均日产气 $7.84×10^4m^3$；上下灰岩 Barnett 页岩平均日产气 $6×10^4m^3$（Barnett 页岩 838 口水平井初始单井平均日产量为 $5.4×10^4~6.2×10^4m^3$）。由此可知，我国和美国最高产量页岩气岩性组合均为上砂下灰型，为异常高压，热成因游离气为主等特征（表 2-4-5）。

表 2-4-5　目的层上下不同岩性统计表

国别	美国					中国	
页岩	Barnett	Haynessville	Fayetteville	Marcellus	Antrim	焦石坝	长宁—威远
目的层相邻岩性	上下灰岩	上砂下灰	上灰下砂	上页下灰	上页下灰	上砂下灰	上砂下灰
沉积相	深海陆棚	深海陆棚	深海陆棚	深海陆棚	内陆海相	深海陆棚	深海陆棚
干酪根类型	Ⅱ$_1$	Ⅰ、Ⅱ$_1$		Ⅰ、Ⅱ$_1$	Ⅰ	Ⅰ	Ⅰ
TOC，%	4.5	0.5~4	4~9.8	3~12	1~20	2~5.89	3~5
R_o，%	1~2.1	0.4~0.6	1~4	1.5~3	0.4~0.6	2.4~2.8	2.7~3.2
孔隙度，%	4~5	8~9	2~8	10	2~5	1.17~7.98	2~4
含气量，m^3/t	8.5~9.9	2.8~9.3	1.7~6.2	1.7~2.8	1.1~2.8	4.98	2.5~4.35
净厚度，m	30~183	61~91	61~91	15~61	21~37	40	24~40

国别	美国					中国	
埋深,m	1981~2591	3200~4115	305~2134	1219~2590	183~671	2000~3500	2000~3500
裂缝发育	双重性	不发育		发育	裂缝越发育、产量越高	主产层裂缝较发育	局部发育
游吸比	8:2	9:1	8:2	8:2	3:7	6:4	游离气
产水量,t/d	0	0	0	0	0.795~795	少量	少量
产气量,$10^4m^3/d$	7	40.04	7.84	9.8	1.4	11	14
压力系数	0.99~1.02	1.61~2.07	1.38~1.84	0.92~1.38	0.81	1.45	1.96
成因	热成因	热成因	热成因	热成因	生物	热成因	热成因
备注					盆缘井		

（5）保存条件评价模式建立。

综合前文保存条件与膏岩层、断裂、异常高压和顶底板的关系研究，结合研究区实际，建立了渝西区块保存条件评价模式（图 2-4-17）。利用该模式评价认为，Z2-2 井区、Z2-3 井区只发育了 3 条 I 级断裂，远离断裂保存条件好；Z2-1 井位于向斜区，大断裂不发育，保存条件好。

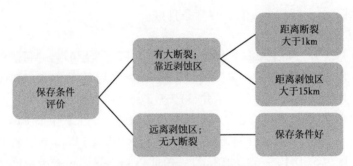

图 2-4-17　保存条件评价模式图

2.5　地球物理"甜点"预测技术

2.5.1　储层"六性"特征及品质分类评价

2.5.1.1　储层"六性"特征研究

根据 Z2-2 井、Z2-3 井、Z2-5 井岩性、电性、物性、含气性、烃源岩、脆性等六性关系详细分析，归纳出 Z2-2 井区页岩"甜点"具有"三高一低"特征（高铀值、高声波、高电阻、低密度），孔隙度、有机碳含量、含气性、脆性条件良好（图 2-5-1）。

2.5.1.2　储层品质分类评价

依据重庆页岩气勘探开发有限责任公司现行的页岩储层分类评价标准（表 2-5-1）对 Z2-2 井、Z2-3 井进行储层划分和分类评价。结果表明，I 类页岩气层主要发育在龙一$_1^1$小层和五峰组，其中 Z2-3 井五峰组下段储层品质逐渐变差；龙一$_1^2$小层和龙一$_1^3$小层主

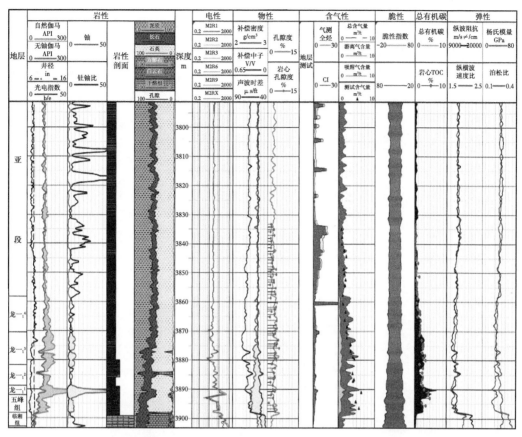

图 2-5-1　Z2-2 井龙马溪组及五峰组优质页岩"六性"关系分析图

要为Ⅰ—Ⅱ类页岩气层；龙一$_1^4$ 小层主要为Ⅱ类和Ⅱ—Ⅲ类页岩气层。因此建议优先开发龙一$_1^1$ 小层和五峰组上段，其次开发龙一$_1^2$ 小层和龙一$_1^3$ 小层。

表 2-5-1　页岩综合品质分类评价标准

指标	单项参数	单项分类后权重系数			综合品质		
	单项权重	Ⅰ权重	Ⅱ权重	Ⅲ权重	Ⅰ	Ⅱ	Ⅲ
总有机碳含量	0.3	1	0.7	0.4	综合品质≥0.85	综合品质≥0.6	综合品质<0.6
孔隙度	0.2	1	0.7	0.4			
含气量	0.3	1	0.7	0.4			
脆性指数	0.2	1	0.7	0.4			

2.5.2　三维精细构造解释

2.5.2.1　构造解释的思路

在对地震数据进行评价的基础上，运用工区已有钻井资料进行地震地质层位精细标定；进而从已知井点出发，通过连井剖面，振幅变化、波形特征和时差规律对地震反射标准层进行精细对比和追踪解释，建立骨干解释剖面，并利用相干技术、水平切片技术、三维可视化技术等手段进行层位和断层的精细对比解释、断层的空间组合。然后通过广义线性反演获取精细的速度场，进行时深转换，完成构造图编制。最后进行构造特征研究、断裂系统分析等工作。技术路线如图2-5-2所示。

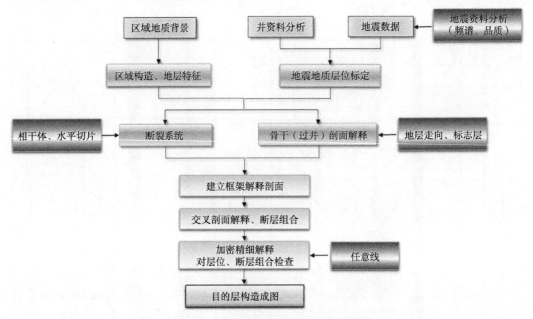

图2-5-2 三维地震构造解释技术路线图

2.5.2.2 构造解释成果

按照行业标准对Z2-2井区三维地震资料进行了评价，总体上各主要反射层波形特征较为明显、波组关系清楚，剖面的信噪比、分辨率较好。尤其是满覆盖区（构造向斜区），地震资料成像较好，褶曲特征清楚，断面清晰，能合理可靠地刻画地腹地质现象。同时利用Z2-2井、Z2-3井及Z2-5井声波和密度测井资料制作合成地震记录，使合成记录与过井剖面波组关系一一对应，从而把合成记录的地质层位准确标定在相应的地震剖面上。在此基础上开展了断层解释、层位解释、时深转换与成图和构造特征刻画等工作。

全区共解释出97条不同级别的断层，全部为逆断层；断裂系统复杂，主要发育与构造走向一致的北东—南西向断层，局部发育北西—南东向断层；本次构造解释对延伸程度较小的小断层进行了精细解释，建议后期钻井和压裂时需考虑构造和断层的影响，避免可能存在的风险。

（1）构造特征。

构造从南到北存在一定的变化。在工区南部，西山构造与西温泉构造并排发育，夹持蒲吕场向斜；两侧高陡褶皱带非常发育，分布宽，蒲吕场向斜范围变窄；在工区中部，西山背斜构造带变窄，蒲吕场向斜区变宽（图2-5-3）；在工区北部，西山背斜与沥鼻峡背斜并排发育，夹持蒲吕场向斜；西山背斜已进入末端，沥鼻峡背斜挤压更剧烈，背斜核部倾角大（图2-5-4）。

（2）断裂描述。

在工区共解释断开五峰组底界的断层97条。将五峰组底界断裂与龙马溪组顶界断裂叠合分析，本区断裂具有以下特征：受多期构造运动影响，本区断裂系统复杂，主要发育

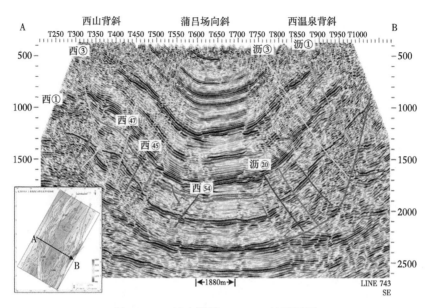

图 2-5-3　过主测线 Inline743 地震剖面

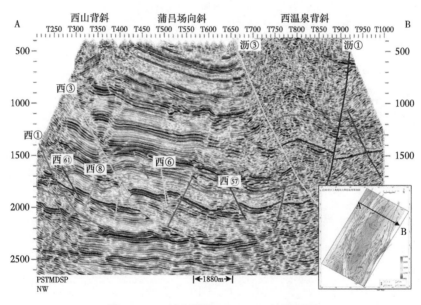

图 2-5-4　过主测线 Inline1399 地震剖面

与构造走向一致的北东—南西向断层，局部发育北西—南东向断层；受北东向主控大断裂作用，整个工区表现为明显的东西分带特征；由于本区经历多期挤压运动，所发育断层均为逆断层；五峰组断层更为发育，部分断裂未断穿龙马溪组。

　　根据本区的构造特征，结合页岩气勘探开发的需求，把区内上奥陶统五峰组底界人工解释的断层分为 4 级（图 2-5-5、表 2-5-2）。

　　Ⅰ 类断层：向上断开至三叠系以上的大断层，对构造有控制作用（断层上下盘落差通常大于 500m），研究区内共解释出 4 条。该类断层对页岩气保存有较大破坏作用，在井位部署时需注意钻井轨迹与此类断层保持一定距离。

Ⅱ类断层：断开层位多（向上断开至二叠系或三叠系），断层上下盘落差大（通常为100～300m），共解释8条。该类断层对页岩气保存有一定影响，对钻井等工程施工影响大。

Ⅲ类断层：向上断开志留系内部地层，断层上下盘落差一般为40～100m，共解释58条。

Ⅳ类断层：一般只断开龙马溪组，断层上下盘落差小于40m，共解释27条。

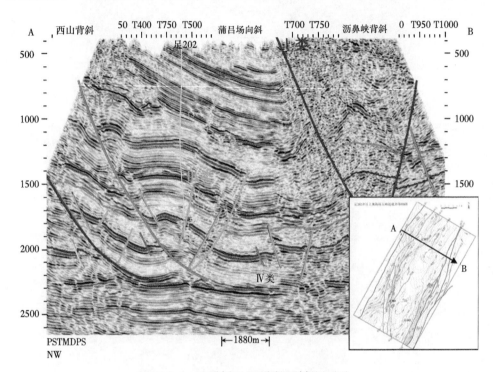

图 2-5-5　地震剖面上不同级别断层展示

表 2-5-2　Z2-2 井区主要断层要素统计表

序号	断层名（编号）	性质	所在构造部位	与构造轴线关系	断开层位	产状		延伸长度 km	垂直断距 km	可靠程度	断层类别
						倾向方位	倾角（°）				
1	沥①	逆	沥鼻峡—西温泉构造	平行	TT_3x—TO_3l	北西西	60～80	20.4	1.6	可靠	Ⅰ类断层
2	沥②	逆	沥鼻峡—西温泉构造	平行	TP_2l—TO_3l	南东东	60～80	12.6	0.1	可靠	Ⅱ类断层
3	沥③	逆	沥鼻峡—西温泉构造	平行	TT_3x—TO_3l	南东东	50～70	33.1	1.5	可靠	Ⅰ类断层
4	沥⑪	逆	西温泉构造西翼	平行	TP_2l—TO_3l	南东东	50～70	20.6	0.1	可靠	Ⅱ类断层
5	西①	逆	西山背斜	平行	TT_3x—TO_3l	南东东	60～80	32.5	2	可靠	Ⅰ类断层
6	西③	逆	西山背斜东构造	平行	TT_3x—TO_3l	南东东	70～80	33.8	1.9	可靠	Ⅱ类断层
7	西④⑤	逆	西山背斜东构造	平行	TT_3x—TO_3l	南东东	60～80	19.5	0.7	可靠	Ⅱ类断层
8	西④⑦	逆	西山背斜东构造	平行	TT_3x—TO_3l	北西西	70～80	10.5	0.8	可靠	Ⅱ类断层
9	西④⑨	逆	蒲吕场向斜-1	平行	TP_2l—TO_3l	北西	60～80	7.8	0.2	可靠	Ⅲ类断层
10	西⑤③	逆	西山背斜	平行	TS_1l—TO_3l	北西西	40～60	5.3	<0.1	可靠	Ⅲ类断层

序号	断层名（编号）	性质	所在构造部位	与构造轴线关系	断开层位	产状		延伸长度 km	垂直断距 km	可靠程度	断层类别
						倾向方位	倾角（°）				
11	西㊿	逆	蒲吕场向斜-2	平行	TP₂l—TO₃l	北西西	60~80	8.5	0.5	可靠	Ⅲ类断层
12	西㊋	逆	蒲吕场向斜-1	平行	TS₁l—TO₄l	南东东	60~80	3.3	<0.1	可靠	Ⅲ类断层
13	西㊌	逆	蒲吕场向斜-1	平行	TP₂l—TO₃l	南东东	60~80	5	0.2	可靠	Ⅲ类断层
14	西㊍	逆	蒲吕场向斜-1	平行	TS₁l—TO₃l	北西西	30~50	3.7	<0.1	可靠	Ⅳ类断层
15	西⑥	逆	西山背斜东构造	平行	TT₃x—TO₃l	南东东	70~80	7.8	0.6	可靠	Ⅲ类断层
16	西㊐	逆	蒲吕场向斜-2	平行	TP₂l—TO₃l	东西	70~80	4.2	0.5	可靠	Ⅲ类断层
17	西㊑	逆	西山背斜北翼	平行	TP₂l—TO₃l	南东东	60~80	6.3	0.7	可靠	Ⅲ类断层
18	西⑦	逆	西山背斜北翼	平行	TS₁l—TO₃l	南东东	60~80	3.6	<0.1	可靠	Ⅲ类断层
19	西⑧	逆	西山背斜北翼	平行	TP₂l—TO₃l	北西	60~80	6.2	0.6	可靠	Ⅲ类断层
20	沥⑱	逆	蒲吕场向斜-2	平行	TP₂l—TO₃l	北西西	60~80	11.3	1	可靠	Ⅲ类断层
21	沥⑲	逆	蒲吕场向斜-2	平行	TO₃l	西东	60~80	7.2	<0.1	可靠	Ⅲ类断层
22	沥⑳	逆	蒲吕场向斜-2	平行	TP₂l—TO₃l	西东	60~80	5.2	0.4	可靠	Ⅲ类断层
23	沥㉑	逆	蒲吕场向斜-2	垂直	TS₁l—TO₃l	北东	30~50	1.9	<0.1	可靠	Ⅲ类断层
24	沥㉒	逆	蒲吕场向斜	平行	TP₂l—TO₃l	东西	60~80	4.3	<0.1	可靠	Ⅲ类断层
25	东�	逆	西山背斜南翼	平行	TP₂l—TO₃l	南东东	70~80	2.5	0.2	可靠	Ⅲ类断层

2.5.3 多属性裂缝预测

2.5.3.1 裂缝预测研究思路

研究区裂缝研究分三步来完成：单井裂缝识别描述、叠前叠后裂缝预测、裂缝分布规律研究及与构造断层的关系分析。具体研究思路为：首先，通过成像测井识别和解释出井上裂缝，总结井上裂缝发育情况及裂缝产状、发育程度、发育深度、分类等；其次，通过叠后地震属性研究断裂带展布规律，定性预测裂缝发育带；再利用叠前各向异性的方法，对裂缝发育的相对密度和方向进行预测；最后，结合构造、断层和裂缝的关系特征，分析裂缝的分布规律。

2.5.3.2 裂缝分布规律研究

对 Z2-2 井和 Z2-3 井成像测井裂缝识别解释，发现主要发育的天然裂缝类型包括高导缝、高阻缝、微断层、层理及层理缝等，并进一步明确了裂缝的发育深度、发育密度、发育产状等基本特征；在此基础上开展了叠后地震多属性裂缝预测和叠前各向异性裂缝预测，通过综合研究总结裂缝分布规律。

对比叠前和叠后裂缝预测结果认为，二者对裂缝分布规律的反映一致性较高，但叠后对于裂缝分布的刻画更为清楚。因此，以叠后为主，叠前为辅，展开裂缝的综合预测和分析。如图 2-5-6 所示，将构造、断层、裂缝成果进行立体叠合，裂缝和构造、断层的分布关系密切。构造起伏较大的区域以及断层的附近裂缝相对较发育。构造起伏相对平缓区裂缝相对欠发育。研究区裂缝主要分布在东、西两侧背斜处，向斜处相对欠发育。在向斜处南北两侧相对中部更为发育。

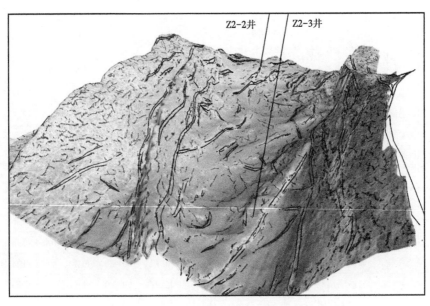

图 2-5-6　五峰组底部构造、断层、裂缝立体叠合图

2.5.4　储层参数定量预测

2.5.4.1　储层参数定量预测思路

　　首先，应用叠后和叠前同步反演来刻画整个优质页岩段（即龙一$_1$亚段和五峰组）在研究区的分布情况；其次，应用伽马和 TOC 等参数来定义各个小层的岩性特征，然后应用基于精细建模和 0.2ms 采样地质统计学反演来得到各个小层厚度在研究区分布的特征；最后，在叠前、叠后多参数反演得到的弹性物理参数的基础上，用井的孔隙度、TOC、脆性指数、含气量等储层参数和弹性物理参数进行交汇，应用相关性最好的弹性物理参数做储层特征参数地质统计学反演协模拟的趋势约束，从而得到各个小层以及整个优质页岩段的孔隙度、TOC、脆性和含气量等储层特征参数（图 2-5-7）。

2.5.4.2　储层综合评价

　　以岩石样品实验数据为基础，分别用页岩储层评价主要参数（总有机碳含量、总含气量、有效孔隙度、脆性指数等）与岩石物理参数之间进行交会分析，建立两者的关系。利用叠前、叠后多参数的结果和地质统计学反演为核心的地球物理综合预测技术，实现了储层评价参数较精确的预测，得到了优质页岩五峰组和龙一$_1$亚段和各个小层段的储层特征参数。根据《中国石油页岩气测井采集与评价技术管理规定》，通过 TOC、含气量、有效孔隙度及脆性矿物含量几个指标参数对各个小层段的储层进行了综合评价。

　　根据对四个小层的研究，发现龙一$_1^4$小层四个储层参数：TOC、孔隙度、脆性指数、含气量都较低，大部分都属于Ⅲ类储层，开发的潜力较小。因此，在对优质页岩段进行储层多参数的综合评价时，只考虑龙一$_1^3$小层—五峰组的层段。将四个储层参数做归一化，值域分布在 0~1 之间，再乘以各个参数的权重，从而得到一张从五峰组到龙一$_1^3$小层的综合评价图。从优质页岩段中找到优质储层发育区。优质储层发育在工区的南部和中部。北部相对要欠发育，并且工区南部的厚度大于北部（图 2-5-8）。

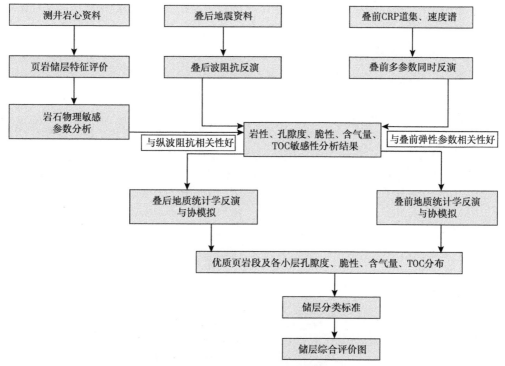

图 2-5-7　储层参数定量预测路线图

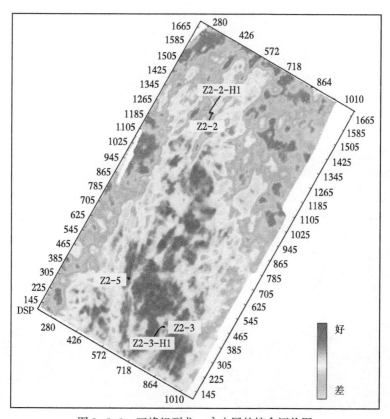

图 2-5-8　五峰组到龙一₁³ 小层的综合评价图

为了指导下一步生产开发和水平井井位的部署，对五峰组上部+龙一$_1^1$小层的TOC、含气量、有效孔隙度及脆性指数等储层参数进行了综合评价，其规律和五峰组到龙一$_1^3$小层优质储层相似，南部要优于北部。

2.5.5 地质"甜点"综合评价

2.5.5.1 地质"甜点"评价

综合构造、断层、储层、裂缝等研究成果，对地质"甜点"的分布进行综合分析和评价（图2-5-9）。认为构造起伏相对平缓，大断层不发育，储层条件较好，裂缝发育程度高的区域，为地质"甜点"区，也是布井的有利区域。

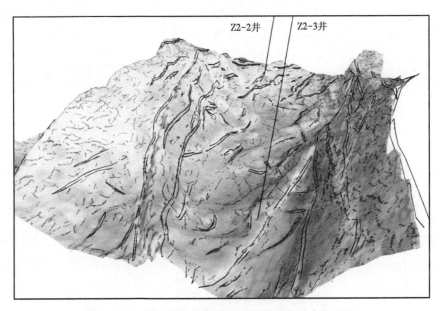

图2-5-9　研究区各级断层和裂缝带凹凸融合剖面图

2.5.5.2 钻井跟踪评价

利用预测结果对已钻井进行跟踪分析和地质评价。如图2-5-10所示，Z2-2-H1井附近储层条件较好，含气量高，但厚度相对南边更小、孔隙度略低。水平段未钻遇断层。水平段东西虽发育断层，但距离较远，超过了压裂时人工缝长，不会沟通井筒，压裂较为安

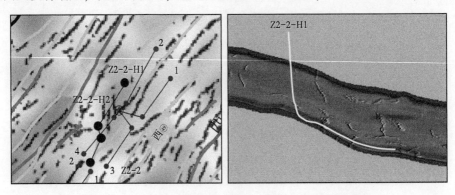

图2-5-10　Z2-2-H1井附近断层、储层、裂缝平剖面图

全。水平段中部钻遇多组与水平井筒呈一定角度的裂缝，与最大水平主应力角度较小，压裂时易形成复杂缝网，增大压裂改造体积。

如图2-5-11所示，Z2-3水平井附近储层条件好，含气量较高，孔隙度、TOC条件良好，且厚度相对较大。水平段未钻遇断层，钻井及压裂较为安全，但裂缝同时也不太发育。

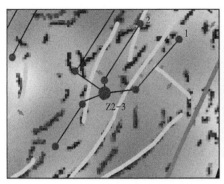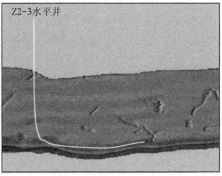

图2-5-11　Z2-3水平井附近断层、储层、裂缝平剖面图

如图2-5-12所示，Z2-5水平井附近储层条件好，含气量较高，孔隙度、TOC条件良好，且厚度相对较大。水平段未钻遇断层，且水平段中部有少量天然裂缝发育。

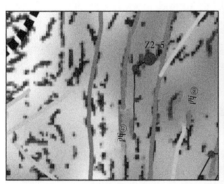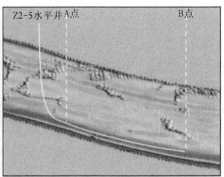

图2-5-12　Z2-5水平井附近断层、储层、裂缝平剖面图

2.6　可压性分析评价技术

2.6.1　深层页岩岩石力学性质分析

2.6.1.1　脆性矿物分析

采自Z2-1井和Z2-2井五峰组—龙马溪组页岩的36个样品，开展X射线衍射实验，分析结果表明，Z2-1井五峰组—龙马溪组页岩的脆性指数变化范围为30.81%~60.42%，平均为47.77%。全脆性矿物指数变化范围为69.54%~79.55%，平均为75.22%，石英矿物和全脆性矿物脆性指数差异性较小。Z2-2井根据石英含量计算的脆性指数变化范围为9.5%~86.6%，平均为51.20%。全脆性矿物指数变化范围为33.8%~98.90%，平均为

67.07%，石英矿物和全脆性矿物脆性指数总体差异性大。Z2-1 井的石英矿物含量略低于 Z2-2 井，全脆性矿物含量 Z2-1 井高于 Z2-2 井。两井的矿物脆性指数都达到了缝网压裂要求。

区域对比发现，渝西区块 Z2-1 井和 Z2-2 井的全岩脆性矿物指数与长宁—威远区块以及涪陵区块总体相当，其中 Z2-1 井的全岩脆性矿物脆性指数略大于宁 202 井、威 202 井和焦页 1 井。

2.6.1.2 弹性模量、泊松比脆性分析

利用岩石力学实验装备 GCTS-RTR 2000 进行了 Z2-1 井和 Z2-2 井钻井取心的单轴压缩实验测试，获得了 Z2-1 井和 Z2-2 井的抗压强度、弹性模量和泊松比等参数。

由于 Z2-1 井泊松比比较低，泊松比脆性指数较高，弹性模量总体偏低，弹性模量脆性指数总体偏低。依据弹性模量和泊松比获得的脆性指数都超过了 50%。依据岩石力学脆性指数与裂缝形态的关系判断，Z2-1 井的脆性指数达到了缝网压裂要求。Z2-2 井，总体脆性指数变化差异大，龙马溪组页岩的脆性指数接近 50%，达到缝网压裂要求，但五峰组页岩的脆性指数低于 40%，脆性较弱。

区域上对比认为，Z2-2 井的脆性指数最低，约 47%，总体满足缝网压裂脆性指数要求，Z2-1 井的脆性指数与长宁区块的页岩相当，略高于威远区块和焦石坝区块页岩储层。

2.6.1.3 强度脆性分析

页岩的强度是页岩抵御张性破坏或者剪切破坏的直观体现，利用单轴压缩测试和巴西劈裂实验，可以判断页岩的脆性指数，主要把页岩的脆性分为 4 个阶段：脆性很强、脆性、中等脆性和脆性较差。

分析结果表明，Z2-1 井强度指数脆性为脆性，Z2-2 井页岩主要以中等脆性为主。区域上，Z2-1 井和 Z2-2 井的强度指数脆性总体与长宁—威远区块和焦石坝区块相当，都属于脆性页岩。

2.6.1.4 围压对力学性能及弹性应变能量的影响

（1）围压对力学性能的影响。

利用单轴压缩和三轴压缩测试获得的抗压强度、弹性模量和泊松比等参数，可以获得围压等对力学参数的影响。

Z2-1 井和 Z2-2 井的抗压强度与围压的关系一致，均呈现围压增加，抗压强度大幅度增加的趋势（图 2-6-1、图 2-6-2）；弹性模量与围压的关系表现为，围压增加，页岩的弹性模量变化很小，异于常规页岩储层或岩石（图 2-6-3、图 2-6-4）；泊松比与围压未表现出明显的相关性。

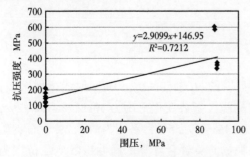

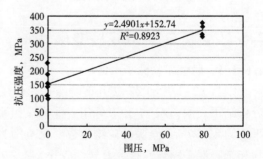

图 2-6-1　Z2-1 井围压对抗压强度的影响　　　　图 2-6-2　Z2-2 井围压对抗压强度的影响

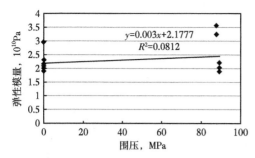

图 2-6-3 Z2-1 井围压对弹性模量的影响

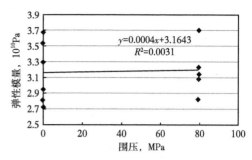

图 2-6-4 Z2-2 井围压对弹性模量的影响

（2）围压对弹性应变能量的影响。

三轴压缩过程中由于围压的影响，试件的抗压强度大幅度增加，试件的弹性应变能大幅度增加，变化范围在 0.98~1.56MJ/m³ 之间，总能量变化范围在 2.06~3.98MJ/m³ 之间。

三轴压缩条件下，页岩储层的抗压强度大幅度增加，峰值强度前会发生明显的塑性变形，试件破坏过程中能量的弹性应变能和塑性应变能都占主导作用。三轴压缩实验测试获得的弹性应变能与总应变能的比例范围在 34.20%~52.30% 之间。Z2-1 井的三轴压缩的弹性应变能总体低于 Z2-2 井。

2.6.2 综合可压裂性评价方法构建

2.6.2.1 评价关键参数确定

采用权重分析法建立综合可压性评价模型，将关键参数做归一化处理可以得到标准化值，然后对各个参数进行加权可以得到用以评价不同页岩储层可压性的无量纲常数，该常数为可压裂性系数。可压裂性系数越大，代表目标地层能够取得越理想的压裂效果。

一般来讲，影响复杂裂缝的形成是判定可压裂性影响因素的关键，而这些因素众多，其中的关键参数包括储层的脆性、天然裂缝发育程度、水平应力差异、页岩的含气性，表征页岩储层脆性特征的又包含了脆性矿物含量、杨氏模量和泊松比脆性，以及力学强度脆性（抗压强度/抗拉强度）。因此对于可压裂性系数 FI 计算公式 [式（2-6-1）]，将其参数确定为：S_1 为页岩脆性标准化值；W_1 为其对应所占权重，%；S_2 为天然裂缝发育程度标准化数值；W_2 为其对应所占权重，%；S_3 为水平应力差标准化数值；W_3 为其对应所占权重，%；S_4 为储层含气性标准化数值；W_4 为其对应所占权重，%：

$$FI = S_1 W_1 + S_2 W_2 + \cdots + S_n W_n = \sum_{i=1}^{n} S_i W_i \tag{2-6-1}$$

其中在 S_1 页岩脆性中，第二层次的影响因素计算公式为：

$$S_1 = S_{1-1} W_{1-1} + S_{1-2} W_{1-2} + S_{1-3} W_{1-3}$$

式中，S_{1-1} 为脆性矿物含量标准化数值；W_{1-1} 为其在本层次对应所占权重，%；S_{1-2} 为杨氏模量及泊松比脆性指数标准化数值；W_{1-2} 为其在本层次对应所占权重，%；S_{1-3} 为抗压抗拉强度脆性指数标准化数值；W_{1-3} 为其在本层次对应所占权重，%。

根据层次分析法中的重要程度，将 S_1—S_4 因素等构建可压裂性一级判断矩阵 A，见表 2-6-1。

表 2-6-1　可压裂性一级判断矩阵 A

A	S_1	S_2	S_3	S_4
S_1	1	3	5	7
S_2	1/3	1	3	5
S_3	1/5	1/3	1	3
S_4	1/7	1/5	1/3	1

将 S_1 影响因素中脆性矿物含量、杨氏模量和泊松比脆性，以及力学强度脆性（抗压强度/抗拉强度）等因素构建可压裂性二级判断矩阵 B，见表 2-6-2。

表 2-6-2　可压裂性二级判断矩阵 B

B	S_{1-1}	S_{1-2}	S_{1-3}
S_{1-1}	1	2	2
S_{1-2}	1/2	1	1
S_{1-3}	1/2	1	1

2.6.2.2　判断矩阵计算与分析

对于可压裂性一级判断矩阵 A：

$$A = \begin{bmatrix} 1 & 3 & 5 & 7 \\ 1/3 & 1 & 3 & 5 \\ 1/5 & 1/3 & 1 & 3 \\ 1/7 & 1/5 & 1/3 & 1 \end{bmatrix}$$

计算其特征向量 $\mathbf{wi}$ 为：

$$\mathbf{wi} = \begin{bmatrix} 0.557892 & 0.263345 & 0.121873 & 0.05689 \end{bmatrix}^T$$

最大特征根为 4.118466，因此计算一致性指标 CI = 0.039489，检验系数 CR = 0.043876，由于 CR≤0.1，因此，A 具有满意的一致性。

对于 B：

$$B = \begin{bmatrix} 1 & 2 & 2 \\ 1/2 & 1 & 1 \\ 1/2 & 1 & 1 \end{bmatrix}$$

计算其特征向量 $\mathbf{wi}$ 为：

$$\mathbf{wi} = \begin{bmatrix} 0.5 & 0.25 & 0.25 \end{bmatrix}^T$$

最大特征根为 3，因此计算一致性指标 CI = 0，检验系数 CR = 0，由于 CR≤0.1，因此，B 也具有满意的一致性。

根据以上分析，A 及 B 的影响因素权重分配见表 2-6-3、表 2-6-4。

表 2-6-3　A 影响因素权重分配

A 影响因素	S_1	S_2	S_3	S_4
权重分配	0.557892	0.263345	0.121873	0.05689

表 2-6-4　B 影响因素权重分配

B 影响因素	S_{1-1}	S_{1-2}	S_{1-3}
权重分配	0.5	0.25	0.25

2.6.2.3　影响因素参数归一化处理

利用前人研究方法，结合研究区实际，分别建立了可压裂性关键影响参数，包括页岩脆性、天然裂缝发育程度、水平应力差、含气性的归一化取值表，见表 2-6-5 至表 2-6-9。

表 2-6-5　脆性矿物含量参数归一化

等级	脆性矿物含量, %	特征	归一化取值
1	>50	脆性矿物含量高，压裂性好	直接使用百分比结果后进行归一化
2	25~50	脆性矿物含量较高，压裂性较好	$\dfrac{X_{max}-X}{X_{max}-X_{min}}$
3	<25	脆性矿物含量低，压裂性较差	

表 2-6-6　强度脆性参数归一化

等级	脆性指数, %	特征	归一化取值
1	>25	脆性很强，压裂性非常好	
2	15~25	脆性，压裂性好	$\dfrac{X_{max}-X}{X_{max}-X_{min}}$
3	10~15	中等脆性，压裂性一般	
4	<10	脆性较差，压裂性较差	

表 2-6-7　天然裂缝发育程度参数归一化

等级	天然裂缝发育特征	归一化取值
1	天然裂缝发育好	0.7~0.9
2	天然裂缝发育一般	0.4~0.6
3	天然裂缝发育差	0.1~0.3

表 2-6-8　水平应力差参数归一化

等级	水平应力差, MPa	特征	归一化取值
1	<5	应力差小，压裂性非常好	
2	5~10	应力差较小，压裂性好	
3	10~15	应力差中等，压裂性较好	$\dfrac{X_{max}-X}{X_{max}-X_{min}}$
4	15~20	应力差较大，压裂性一般	
5	>20	应力差大，压裂性较差	

表 2-6-9　含气性参数归一化

等级	含气量, m³/t	特征	归一化取值
1	>3	储层含气量高，产气能力好，可压裂性好	
2	2~3	储层含气量较高，产气能力一般好，可压裂性较好	$\dfrac{X-X_{min}}{X_{max}-X_{min}}$
3	<2	储层含气量低，产气能力较差，可压裂性差	

2.6.2.4 综合可压裂性系数的计算

基于以上分析，利用现场测井资料及室内物理力学实验的实验结果，综合起来即可计算到储层的可压裂性系数，对储层的可压裂性做出一个综合判断。根据可压裂性影响因素赋值及其标准化，将可压裂的最低和较高标准值代入判断矩阵的计算模型进行分析。由可压裂性系数的定义可知，其值越大，说明水平井水平段的综合可压裂性越高。通过估算得到，在可压裂性系数低于 0.3051 时，水平井水平段在综合因素的考量下不适合压裂；可压裂性系数在 0.3051~0.5416 之间时，水平井水平段可压裂性较好；可压裂性系数大于 0.5416 时，水平井水平段可压裂性非常好，能达到缝网结构的改造效果（表 2-6-10）。

表 2-6-10 可压裂性系数评价估算范围

A 影响因素	S_1			S_2	S_3	S_4	可压裂性较差 FI	可压裂性较好 FI
权重分配	0.557892			0.263345	0.121873	0.05689		
最低标准值				0.4	0.6	0.02		
较高标准值				0.7	0.8	0.03		
B 影响因素	S_{1-1}	S_{1-2}	S_{1-3}				0.3051	0.5416
权重分配	0.5	0.25	0.25					
最低标准值	0.25	0.3	0.1					
较高标准值	0.5	0.6	0.25					

2.6.3 基于测井资料的影响因素计算与分析

2.6.3.1 研究思路

本节主要分析如何通过测井解释计算得到综合可压裂性评价方法中影响因素的值，将现场测井资料与评价方法较好的结合在一起，综合反映可压裂性的优劣，具体研究思路如图 2-6-5 所示。

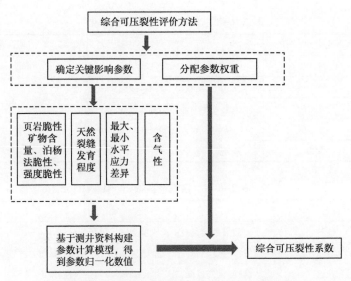

图 2-6-5 综合可压裂性评价方法技术路线图

2.6.3.2 矿物含量脆性指数

利用岩性密度、补偿中子或声波测井来计算地层中的矿物含量。岩性密度测井的有效光电吸收截面指数 Pe 在一定的孔隙度范围内，基本不受孔隙体积及流体性质变化的影响，因此利用 Pe 计算矿物含量可提高储层参数的计算精度。根据测井资料，可以确定储层中脆性矿物含量所占百分比，如图 2-6-6 所示，从而确定矿物含量脆性指数。

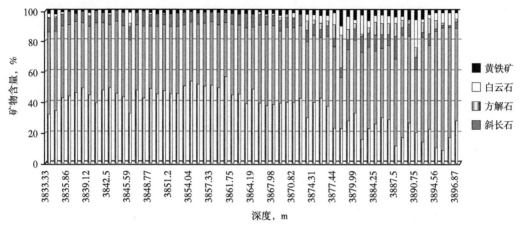

图 2-6-6 地层全岩矿物含量随深度分布图

2.6.3.3 泊松比、杨氏模量脆性指数

岩石的泊松比可以通过声波时差及速度计算得到，必须同时具备纵波、横波及密度测井资料。现场有的时候不测全波列测井项目，没有直接的横波测量结果，这种情况下只能通过纵波波速估算横波波速。通过测井解释得到的泊松比和杨氏模量即可确定脆性指数。

2.6.3.4 岩石强度脆性指数

根据 Miller 和 Deere 等的 200 多次实验，获得了岩石的单轴抗压强度经验公式，Coates 等继 Miller 和 Deere 后提出了关于岩石抗拉强度和抗压强度关系公式，通过统计规律得到的经验公式可以推导计算出水平井水平段连续的强度特性变化规律，可以计算得到相应的岩石强度脆性指数。

2.6.3.5 天然裂缝发育程度分析

对于储层裂缝发育的判断可以通过随钻过程中的成像测井技术来判断。如图 2-6-7 所示为 Z2-1-H1 井在一定井深处的裂缝发育图。根据这些测井图像中裂缝的密度，可以直接对综合可压裂性评价方法中的标准化值进行确定。

2.6.3.6 水平地应力差计算

若依靠实测找寻层内或者层间地应力的分布规律，这是不切实际的。因此，结合测井资料和分层地应力解释模型，可分析层内或层间地应力大小。不同的构造区域（构造平缓区域、构造运动比较剧烈区域、大多数地层均为倾斜地层），有三种针对性的地应力测井解释模型。通过这三种测井资料解释地应力模型，可以根据测井资料得到地层的最大水平主应力、最小水平主应力差值。

2.6.3.7 含气性分析

储层的含气性可以通过计算吸附气与游离气的含量得到。根据前人的研究结果，吸附气含量一般可通过与储层 TOC 之间的拟合，得到符合度比较高的预测模型，应用处理的

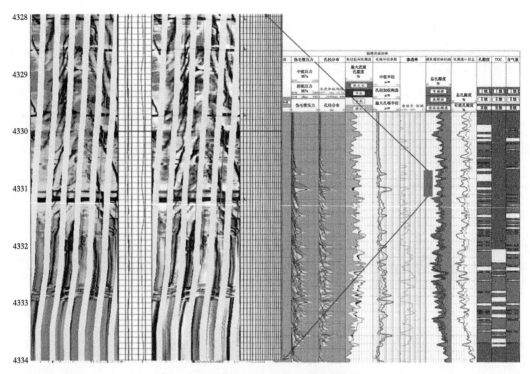

图 2-6-7　成像测井解释显示裂缝发育程度

孔隙度和含水饱和度计算井下条件的游离气含量。如图 2-6-8 所示为某井总含气量与井深之间的变化关系。

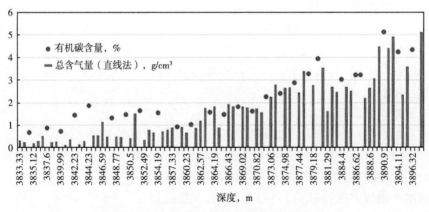

图 2-6-8　某井储层总含气量随井深变化关系

　　根据以上分析，即可得到本书目综合可压裂性评价方法中各个影响因素的变化范围，从而对影响因素进行归一化处理。将归一化后的参数代入可压裂性系数计算公式即可得到可压裂性系数随井深之间的变化，确定可压裂性较高的层位，优化压裂施工射孔簇参数。

2.6.4　Z2-2-H1 井可压裂性示例分析

　　利用上述可压性综合评价方法对 Z2-2-H1 井水平段综合可压裂性进行了分析，根据

54

Z2-2-H1 井已有的测井解释资料，对其水平段关键因素随井深变化进行处理分析，得到一定的规律，通过归一化数值及赋值权重计算可压裂性系数随井深变化的关系，指导压裂射孔簇参数优化。

通过对 Z2-2-H1 井页岩脆性、裂缝发育程度、水平应力差和含气性等关键因素的分析，并进行归一化处理，利用前文得到的权重计算结果，计算得到 Z2-2-H1 井水平段综合可压裂系数随井深的变化关系，如图 2-6-9 所示。该井水平段综合可压裂性系数最高为 0.733，最低为 0.386。根据计算结果，该井大部分区域的综合可压裂性系数大于 0.5，平均为 0.529。通过综合可压裂性系数随水平段的变化结果，可以对可压裂性高的区域进行优化射孔，调整射孔簇距离。

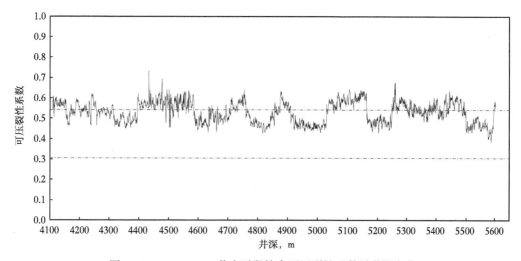

图 2-6-9　Z2-2-H1 井水平段综合可压裂性系数随井深变化

根据前文估算出的可压裂性系数评价范围可知：综合可压裂性系数在低于 0.3051 时，水平井水平段在综合因素的考量下不适合压裂；综合可压裂性系数在 0.3051~0.5416 之间时，水平井水平段可压裂性较好；综合可压裂性系数大于 0.5416 时，水平井水平段可压裂性非常好，能达到缝网结构的改造效果。将其标准采用红色虚线在图 2-5-9 中标出，可以直观判断出 Z2-2-H1 井某位置的综合可压裂性处于哪一类区间。

3 渝西地区深层页岩气优快钻完井技术

渝西区块地层各层压力系数差异大、井身结构复杂；地层岩石可钻性差，机械钻速低，钻井周期长；三维丛式井组作业难度大，地质导向风险大、难点多；页岩裂缝发育、钻井液滤液浸入页岩中易降低井壁岩石强度，造成应力释放，产生井壁失稳，影响钻井和固井质量。同时油层套管固井面临着下入难度大、施工压力高；水泥浆胶凝后需具有良好的弹性、韧性和高强度，保证分段压裂及后期开采过程中水泥环具有良好的密封能力。故提速增效、合理的钻井液体系和高性能水泥浆及配套工艺技术等对于渝西区块深层页岩气井实现优快钻完井至关重要。

3.1 优快钻井工艺技术

3.1.1 地层压力预测与井身结构优化

3.1.1.1 井身结构设计依据

（1）标准规范。

国家标准 GB/T 31033—2014《石油天然气钻井井控技术规范》；

行业标准 SY/T 5431—2017《井身结构设计方法》；

《西南油气田分公司钻井井控实施细则（2018 年版）》等相关技术规范。

（2）钻井地质设计。

①地层孔隙压力预测

a. 已钻井实测压力成果。

b. 地层压力预测。

渝西区块地层压力设计主要参考相邻的 Z2-1 井、Z2-1-H1 井、Z2-2 井实测地层压力、钻井液密度及钻井显示情况，并结合其他邻井实测地层压力系数推测而成（表3-1-1）。

表 3-1-1 相邻构造产层实测压力表

井号	层 位	产层中部深度，m	地层压力，MPa	地层压力系数
包浅 001-6	须四段—须二段	1664.0	15.883	0.97
包 20	雷一$_1$亚段	2240.5	22.667	1.03
包 28	嘉四$_1$亚段—嘉三$_1$下	2212.5	22.639	1.11
包 8	嘉二$_2$亚段—嘉一段	2642.5	49.058（外推）	1.89
永安 1	嘉二$_3$—嘉二$_2$亚段	2737.0	56.61	2.11
包 61	长兴组	3312.0	59.436	1.83
永安 5	茅三段—茅二 a 亚段	3811.5	82.46	2.21
Z2-1	龙马溪组	4361.5	76.8084	1.76
Z2-1-H1	龙马溪组	4374.08	81.62	1.89
Z2-2	龙马溪组—五峰组	3649.0	66.404	1.86

川渝地层多属于海相碳酸盐岩地层，碳酸盐岩源于其孔隙结构复杂，非均质性强，不符合砂泥岩正常压实的规律，所以压力预测一直是国内外的研究难点；川渝地区地层压力预测除储层根据实测地层压力反推压力系数以外，其余地层均根据邻井实钻钻井液密度进行预测。依据国家标准 GB/T 31033—2014 钻井液密度设计以各裸眼井段中的最高地层孔隙压力当量密度值为基准，附加一个安全值：气井附加安全值为 $0.07\sim0.15g/cm^3$；而渝西深层页岩气尚处于勘探评价初期，地质存在不确定性，实钻中采用较高密度钻井液的过平衡钻进，可有效保障井下安全和井壁稳定，因此使用的钻井液密度比推测的地层压力系数高 0.3。

沙溪庙组—自流井组：Z2-1 井沙溪庙组—凉高山组 $1.03\sim1.05g/cm^3$ 的钻井液钻进未见显示；自流井组用密度 $1.41\sim1.42g/cm^3$ 的钻井液钻进见 2 段气测异常。Z2-1-H1 井沙溪庙组用密度 $1.06\sim1.22g/cm^3$ 的钻井液钻进未见显示；凉高山组用密度 $1.27\sim1.28g/cm^3$ 的钻井液钻进见 2 段气测异常；自流井组用密度 $1.17\sim1.39g/cm^3$ 的钻井液钻进未见显示。Z2-2 井沙溪庙组用密度 $1.05g/cm^3$ 的钻井液钻进见井漏；自流井组用密度 $1.30\sim1.35g/cm^3$ 的钻井液钻进见井漏，用密度 $1.30g/cm^3$ 的钻井液钻进见气测异常。推测本区块沙溪庙组—自流井组地层压力系数为 1.0。

须家河组：Z2-1 井须家河组用密度 $1.40\sim1.47g/cm^3$ 的钻井液钻进在井段见 9 段气测异常。Z2-1-H1 井须家河组用密度 $1.37\sim1.38g/cm^3$ 的钻井液钻进见 4 段气测异常。Z2-2 井须家河组用密度 $1.33\sim1.34g/cm^3$ 的钻井液钻进见气测异常。推测本区块须家河组地层压力系数为 1.1。

雷口坡组—嘉三段：Z2-1 井用密度 $1.42\sim1.47g/cm^3$ 的钻井液在雷口坡组—嘉三段钻井无显示。Z2-1-H1 井雷口坡组用密度 $1.38g/cm^3$ 的钻井液钻进见气测异常；嘉四段—嘉三段用密度 $1.36\sim1.42g/cm^3$ 的钻井液钻进未见显示。Z2-2 井雷口坡组用密度 $1.22g/cm^3$ 的钻井液钻进见气测异常；嘉陵江组用密度 $1.25g/cm^3$ 的钻井液钻进见气测异常。推测本区块雷口坡组—嘉三段地层压力系数为 1.1。

嘉二段—梁山组：Z2-1 井用密度 $2.15\sim2.25g/cm^3$ 的钻井液钻经嘉二段—长兴组无显示；龙潭组用密度 $2.27g/cm^3$ 的钻井液钻进见 3 次气测异常；茅口组用密度 $2.28g/cm^3$ 的钻井液钻钻进见气测异常；栖霞组用密度 $2.28\sim2.29g/cm^3$ 的钻井液钻遇 2 段气测异常，用密度 $2.32g/cm^3$ 的钻井液进至井深 4008.59m 见井漏，堵漏成功后，后期间断复漏，本段累计漏失密度 $2.28g/cm^3$，钻井液 415.00m³，漏失密度为 $2.24\sim2.28g/cm^3$，浓度为 $10\%\sim16\%$，随堵 55.4m³，密度为 $2.32g/cm^3$，浓度为 $10\%\sim16\%$，桥浆 17.9m³；梁山组用密度 $2.10\sim2.11g/cm^3$ 的钻井液钻进见 2 段气测异常。Z2-1-H1 井用密度 $1.97\sim2.11g/cm^3$ 的钻井液钻经嘉二段—长兴组无显示；龙潭组用密度 $2.04g/cm^3$ 的钻井液钻进见 2 段气测异常，用密度 $2.04\sim2.06g/cm^3$ 的钻井液钻进见 4 段气侵，全烃峰值 94.1061%，C_1 峰值 92.3581%，密度下降最大 $2.05g/cm^3\downarrow1.86g/cm^3$，黏度上升最大 47s↑60s，池体积上涨 1.2m³，槽面气泡最大 5%，集气点火燃，所有显示继续钻进后恢复至气测背景值；茅口组用密度 $2.10g/cm^3$ 的钻井液钻进见气侵，全烃：1.3330%↑53.7755%，C_1：0.9526%↑49.9460%，液面上涨 0.4m³，槽面气泡 3%，集气点火燃，密度由 $2.10g/cm^3\downarrow2.02g/cm^3$，黏度 44s↑52s，继续钻进后恢复至气测背景值；茅口组用密度 $2.10g/cm^3$ 的钻井液钻进见气测异常。Z2-2 井长兴组用密度 $1.81g/cm^3$ 的钻井液钻进见气测异常；龙潭组用密度 $1.80\sim1.81g/cm^3$ 的钻井液钻进见气测异常；茅口组用密度 $1.81g/cm^3$ 的钻液钻进见气测异常；栖霞组用密度 1.85g/cm³ 的钻井液钻进见气测异常。推测本区块嘉二段—梁山组地层压力系数为 1.7。

龙马溪组—宝塔组：Z2-1 井龙马溪组用密度 2.25g/cm³ 的钻井液钻进见 2 段气测异常；用密度 2.28g/cm³ 的钾聚磺钻井液钻进见气测异常；宝塔组用密度 2.25~2.30g/cm³ 的钻井液钻进未见显示。Z2-1-H1 井龙马溪组用密度 2.16g/cm³ 的白油基钻井液钻进见井漏，加入随钻堵漏剂堵漏成功，本段累计漏失 2.15~2.18g/cm³、黏度 79~81s 的白油基钻井液 29.6m³；用密度 2.15~2.16g/cm³ 的白油基钻井液钻进见 5 段气测异常；用密度 2.13g/cm³ 的白油基钻井液钻进见 2 段气侵，全烃峰值 42.4966%，C_1 峰值 36.7440%，密度下降最大 2.14g/cm³↓2.10g/cm³，黏度 86s↑95s，集气点火燃，继续钻井气测值保持在 20% 以上。Z2-2 井用密度 1.98~2.10g/cm³ 的钻井液钻进见气测异常。

Z2-1 井龙马溪组地层压力为 76.8MPa，折算压力系数为 1.76。Z2-1-H1 井龙马溪组地层压力为 81.62MPa，压力系数为 1.89（折算）；Z2-2 井龙马溪组—五峰组压裂期间测得实测地层压力为 66.4MPa，折算地层压力系数为 1.86。

综上所述，预测本区块龙马溪组—宝塔组地层压力系数为 1.76~1.89。

②地层岩性剖面。

从地表至井底，地层层序依次为侏罗系沙溪庙组、凉高山组、自流井组，三叠系须家河组、雷口坡组、嘉陵江组、飞仙关组，二叠系长兴组、龙潭组、茅口组、栖霞组、梁山组，志留系龙马溪组，奥陶系五峰组、临湘组、宝塔组、十字铺组。区内缺失石炭系、泥盆系、上—中志留统。

沙溪庙组（J_2s）：紫红色泥岩夹砂质泥岩、长石砂岩，含大量钙质结核，底为灰白色砂岩。

凉高山组（J_2l）：中上部暗紫色砂质泥岩、泥岩夹灰绿色粉砂岩；下部灰绿色细砂岩、粉砂岩夹暗紫色泥岩及褐灰色灰质砂岩，底以灰绿色细砂岩分界。

大安寨段（J_1d）：顶为紫红色泥岩，其下为褐灰色介屑灰岩与黑色、绿灰色页岩不等厚互层。

马鞍山段（J_1m）：紫红色、暗紫色泥岩夹薄层灰绿色粉砂岩及灰白色细砂岩；底以灰绿色粉砂岩分界。

东岳庙段（J_1d）：顶部为深灰色、黑色页岩，向下为褐灰色介壳灰岩。

珍珠冲段（J_1z）：灰色、深灰色泥岩与灰色、浅灰色砂岩不等厚互层；底为深灰色泥岩分界。

须家河组（T_3x）：顶部灰白色中—细砂岩，上部浅色石英砂岩，中部浅色石英砂岩与黑色页岩互层夹薄煤层，下部黑色页岩夹浅色石英砂岩及煤层，底部深灰色泥质砂岩、黑色页岩及煤，须家河组自上而下分为六段，须一、须三、须五段以页岩为主，须二、须四、须六段以砂岩为主。底以黑色页岩与雷一₁亚段深灰色白云岩假整合接触，局部地区缺失须一段。

雷口坡组（T_2l）：雷口坡组分为四段，本区多缺失雷四段—雷二段，雷一段分为两个亚段，雷一₂亚段岩性为深灰色白云岩、泥质白云岩，雷一₁亚段岩性为灰色、灰褐色、深灰色白云岩夹褐灰色、深灰色石灰岩。底部为灰绿色绿豆岩与嘉陵江组灰白色石膏分界。

嘉陵江组（T_1j）：嘉五段上部为灰白色石膏与深灰色白云岩、泥质白云岩呈不等厚互层，下部为灰色白云岩夹大段灰色、灰褐色石灰岩。嘉四段为白云岩与石膏不等候互层，其中嘉四₃亚段、嘉四₁亚段为白云岩，嘉四₄亚段、嘉四₂亚段为硬石膏。嘉三段为灰色、深灰色、褐灰色石灰岩，中部夹一层灰白色石膏层。嘉二段上部为灰白色石膏夹深灰色石灰岩及白云岩，中部为灰色白云岩为主夹深灰色泥质云岩、石灰岩及蓝灰色泥岩，下部为灰白色石膏、深灰色白云岩。嘉一段以灰色、褐灰色、灰褐色、深灰色石灰岩为主，局部含少量泥质。

飞仙关组（T_1f）：飞四段—飞二段上部岩性为灰色、褐灰色、灰褐色石灰岩夹灰绿色泥岩；下部岩性为灰色、紫红色、深紫红色泥岩夹灰色、深灰色石灰岩。飞一段岩性为灰色、灰褐色、深灰褐色灰岩夹深灰色灰质泥岩，底以深灰褐色泥质灰岩与上二叠统长兴组石灰岩分界。

长兴组（P_2ch）：深灰色、灰色、灰褐色石灰岩为主夹灰黑色页岩。

龙潭组（P_2l）：灰黑色页岩、碳质页岩夹深灰色石灰岩、灰色粉砂岩、黑色煤，底部灰绿色铝土质泥岩与下二叠统茅口组呈假整合接触。

茅口组（P_1m）：本区残余有茅四段。茅四段岩性为深灰色灰岩；茅三段岩性为浅灰色、浅灰褐色粉晶灰岩；茅二段岩性为深灰色、深灰褐色石灰岩；茅一段岩性为灰色黑色、黑灰色石灰岩，底部灰黑色石灰岩与下二叠统栖霞组呈假整合接触。

栖霞组（P_1q）：栖二段岩性为浅灰褐色石灰岩，颜色较上下邻层浅。栖一段岩性为深灰色、灰褐色石灰岩，底部深灰色石灰岩与下二叠统梁山组灰黑色泥岩。

梁山组（P_1l）：灰黑色页岩及绿色铝土质泥岩。本区缺失石炭系、泥盆系、上—中志留系，梁山组假整合于下志留统龙马溪组。

龙马溪组（S_1l）：受古陆或隆起的影响，龙马溪组沉积早期，川东地区大部分为深水陆棚相沉积，形成了一个类似于隔绝海湾的较深水、平静的滞流海盆。该相区中的沉积物多由黑色、灰黑色页岩组成，向上逐渐过渡为灰色钙质泥岩和薄层状石灰岩互层直至石灰岩夹钙质泥岩。

本区龙马溪组遭受部分剥蚀，残余龙马溪组顶部岩性为灰色泥岩，上中部岩性为灰色、绿灰色页岩互层，野外露头可见黄绿色页岩、粉砂岩；往下逐渐过渡为深灰色、灰黑色、黑灰色、黑色页岩；底部为黑色页岩，含碳质、硅质、黄铁矿，富含笔石，底以黑色页岩与奥陶系五峰组灰色介壳灰岩或黑色硅质页岩分界。

五峰组（O_3w）：黑色灰质、硅质页岩，顶部见观音桥段灰色介壳灰岩，局部黄铁矿星散分布（局部富集），底以黑色页岩与临湘组灰褐色泥灰岩分界。

临湘组（O_3l）—宝塔组（O_3b）：临湘组为灰褐色泥质灰岩，具"瘤状"或"豆状"构造特征，富含星点状黄铁矿，从上到下泥质含量减少，底以灰褐色泥质灰岩与宝塔组褐灰色石灰岩分界。宝塔组为褐灰色、灰褐色石灰岩。

十字铺组（O_2s）：灰绿色、黄绿色钙质页岩（或泥灰岩）。

另外 Z2-1 井南部东山构造的荣 203 井在志留系有石牛栏组存在，岩性为灰绿色泥岩夹薄层灰色、褐灰色石灰岩，垂厚 38.5m。

本区区域标志层为雷一段底部灰绿色泥岩（绿豆岩）和嘉二$_2$亚段底部蓝灰色泥岩。

3.1.1.2 井身结构设计依据

目前，川渝地区进行井身结构设计采用的方法是综合分析法，即根据钻井目的，把基本的钻井原则与本地区的地质条件结合，参照本地区的钻井经验及邻近井的钻井实践，同时考虑当前的钻井技术水平，用系统工程的观点加以综合考虑，最后确定井身结构的设计方案。

在具体确定套管层次和下入深度时，一般是：

（1）分析区域地质、构造地质和邻近井钻井地质、工程资料，对设计井施工可能出现的复杂层段（包括垮塌层、盐岩层、石膏层、煤层和易斜井段等）、各种显示层段（包括漏层、油气水层等）分类划段并做出地层压力剖面状况图。

（2）从地质、工程、试采对井身结构要求进行工艺技术的可行性论证。如果现有工艺技术不能实现，则只能按工艺技术水平考虑套管下入层次、尺寸和井深。

（3）从经济效益的合理性和工艺技术的可行性考虑井身结构，即既能加快钻井速度、提高工程质量、降低钻井成本，在工艺技术方面又能实现的情况下确定套管层次、尺寸和下入深度。

（4）钻下部地层采用加重钻井液时产生的井内压力不致压裂上层套管处最薄弱的裸露地层。

3.1.1.3 井身结构优化

（1）立项前井身结构评价。

立项前 Z2-1 井、Z2-1-H1 井采用四开常规井身结构，Z2-2 井采用五开非常规井身结构，均采用 ϕ139.7mm 套管完井。钻探表明，3 口井井身结构均满足安全钻井及后期压裂改造需要。但存在以下问题（图 3-1-1）：

①Z2-1 井为区域第 1 口页岩气评价井，井身结构不满足后期直改平页岩气开发需求；

②Z2-2 井为非常规井身结构定向井，龙马溪组储层段采用 190.5mm 钻头钻进，井眼尺寸与旋转导向工具尺寸不匹配，不利于钻井提速和长水平段延伸。

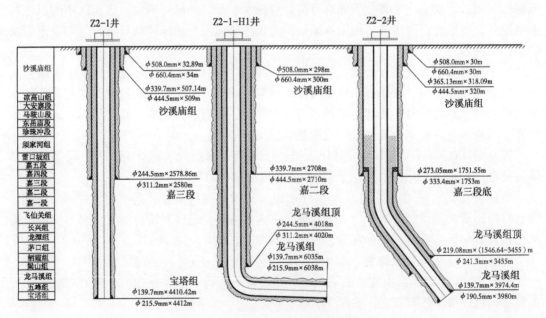

图 3-1-1　立项前区块已钻井井身结构

通过对上述 3 口井工程地质资料的总结，分析套管必封点如下。

必封点 1（龙马溪组）：页岩气组产层需经套管加砂压裂改造，因此需下油层套管封固产层，射孔完成。

必封点 2（龙马溪组顶部）：为满足页岩气井后期直改平开发需求，将 ϕ244.5mm 套管下至龙马溪组顶部，储层专打。

必封点3（嘉三段底部）：嘉二段及以下地层压力高，上部地层承压能力不明，为封隔上部相对低压层，将φ339.7mm套管下至嘉三段底部。

必封点4（沙溪庙组）：为封隔表层疏松地层、窜漏层，为下一步地层钻进提供一定井控能力，将φ508mm套管下至沙溪庙组，井深100～200m。

因此，渝西区块采用四开常规井身结构，φ508mm导管下深150～200m；φ339.7mm套管下至嘉三段底部，封隔上部相对低压漏失层；φ244.5mm套管下至龙马溪组顶部，储层专打；φ139.7mm套管下至井底，射孔完成。同时，将二开444.5mm井眼优化为406.4mm井眼钻进。Z2-2-H1井、Z2-5井、Z2-6井均采用上述井身结构，如图3-1-2所示：

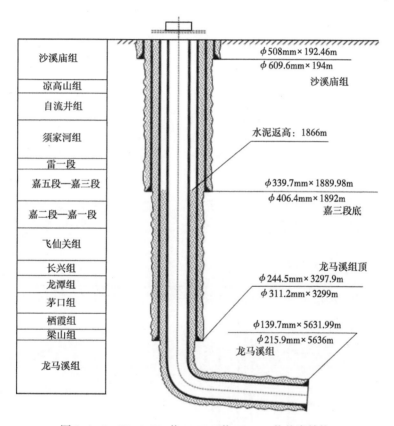

图3-1-2　Z2-2-H1井、Z2-5井、Z2-6井井身结构

（2）Z2-3井井身结构优化。

Z2-3井位于渝西区块蒲吕场向斜南部边缘，毗邻荣昌区块。通过调研荣昌区块荣203等井实钻井身结构及油、气、水、漏显示，对Z2-3井井身结构进行优化，主要针对上述必封点3和必封点4。将必封点3由原来的嘉三段底部优化至须家河组顶部，必封点4由沙溪庙组井深100～200m优化至井深50m。Z2-3井井身结构如图3-1-3所示。

Z2-3井现场实钻过程中，下部嘉二段—龙马溪组顶实钻钻井液密度最高提至1.83g/cm³时，上部须家河组—嘉三段并未发生明显漏失（图3-1-3），表明该套井身结构能满足渝西区块安全钻井需求。

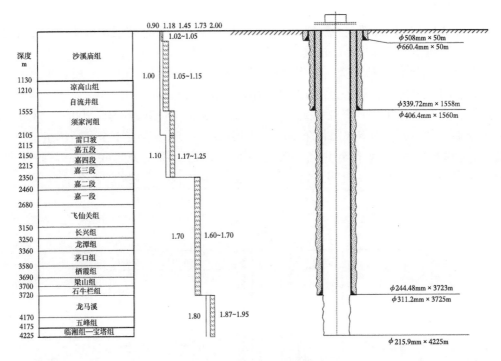

图 3-1-3　Z2-3 井井身结构优化

（3）渝西区块目前井身结构

通过 Z2-3 井井身结构现场试验，初步验证了须家河组—嘉三段承压能力；鉴于此，将后续开发井平台 Z2-3H1 平台、Z2-2H2 平台、Z2-2H3 平台 ϕ339.7mm 套管均优化至须家河组。井身结构如图 3-1-4 所示。

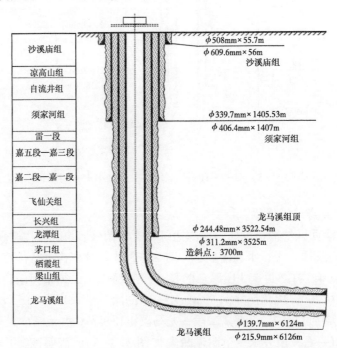

图 3-1-4　Z2-3H1 平台、Z2-2H2 平台、Z2-2H3 平台井身结构

上述井身结构大幅缩短 406.4mm 大尺寸井眼长度，缩短钻井周期；将须家河组—嘉三段优化至 311.2mm 井段，利于提速。

3.1.2 井眼轨迹优化与地质导向技术

3.1.2.1 井眼轨迹优化

（1）三维水平井井眼轨迹设计难点。

常规二维水平井，井口与水平段投影在同一条直线上，钻井过程中只增井斜，方位保持不变，摩阻扭矩影响因素较少，井身剖面属二维平面设计，设计难度相对较低；而三维水平井井口与水平段投影存在一定的垂直偏移距，钻井过程中既要增井斜、又要扭方位，同时还要考虑钻具组合在三维井段的造斜能力以及摩阻扭矩变化等因素影响，井身剖面属三维空间设计，剖面优化设计难度大（图 3-1-5）。

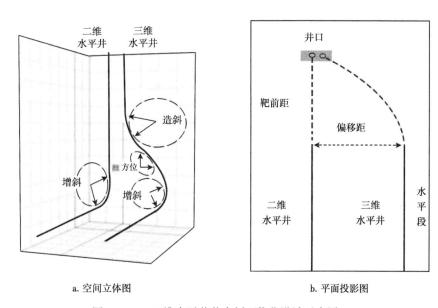

a. 空间立体图　　　　　　　　b. 平面投影图

图 3-1-5　三维水平井井身剖面优化设计示意图

鉴于页岩气水平井开发要求，井眼轨迹将由二维变成三维，同时要求缩短靶前距、提高造斜率。页岩气丛式水平井面临如下难点：井间距小，井间关系复杂，表层防碰要求高；储层埋深深，深井钻进难度大；偏移距大、轨迹方位调整难度大；水平段长，水平段后期摩阻扭矩大等。

（2）平台井井眼轨迹表层防碰绕障优化。

依据《中国石油天然气集团公司页岩油气井钻完井作业管理规范（试行）》、石油天然气行业标准 SY/T 6396—2014，页岩气井井场布置应同时满足钻井和压裂作业要求；同排井间距不小于 5m，双排丛式井组双钻机同时作业，排间距应大于 30m，井场受限排间距不小于 28m。渝西区块目前已进入平台式开发（Z2-3-H1、Z2-2-H2、Z2-2-H3），Z2-3-H1 平台正进行双钻机同时作业，如图 3-1-6 所示，北半支部署 3 口井，井口间距5m，表层钻进存在相碰风险。

为满足 Z2-3H1 平台防碰需求，采用井筒测量精度行业指导委员会（ISCWSA）误差计算模型，应用三维最近距离法扫描最近空间距离，进行井眼防碰扫描分析，对井眼轨迹进行优化（图3-1-7）。

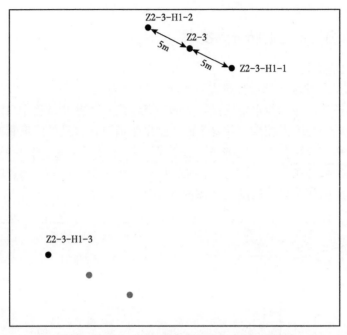

图3-1-6　Z2-3H1平台井口位置关系示意图

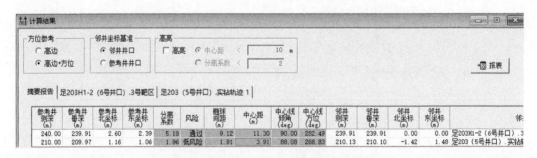

图3-1-7　Z2-3-H1平台防碰计算结果

对Z2-3-H1-1井406.4mm井眼井深100m、Z2-3-H1-2井311.2mm井眼井深2460m分别进行了绕障设计（表3-1-2至表3-1-4、图3-1-8），保证井眼轨迹空间上呈交互错开状态，满足安全作业要求。

表3-1-2　Z2-3-H1-1井井眼轨迹剖面设计表

描述	测深 m	井斜 (°)	网格方位 (°)	垂深 m	北坐标 m	东坐标 m	狗腿度 (°)/30m	闭合距 m	闭合方位 (°)	段长 m
绕障井段	0.00	0.00	41.61	0.00	0.00	0.00	0.00	0.00	0.00	0.00
	100.00	0.00	41.61	100.00	0.00	0.00	0.00	0.00	0.00	100.00
	200.00	5.00	41.61	199.87	3.26	2.90	1.50	4.36	41.61	100.00
	1404.71	5.00	41.61	1400.00	81.77	72.62	0.00	109.36	41.61	1204.71
降斜段	1554.71	0.00	41.61	1549.81	86.66	76.96	1.00	115.90	41.61	150.00
直井段	2254.90	0.00	127.32	2250.00	86.66	76.96	0.00	115.90	41.61	700.19

64

描述	测深 m	井斜 (°)	网格方位 (°)	垂深 m	北坐标 m	东坐标 m	狗腿度 (°)/30m	闭合距 m	闭合方位 (°)	段长 m
增斜段	2532.09	27.72	127.32	2516.50	46.79	129.25	3.00	137.46	70.10	277.18
稳斜段	4051.14	27.72	127.32	3861.23	−381.55	691.16	0.00	789.48	118.90	1519.05
扭方位段	4381.47	65.00	41.61	4104.86	−307.85	872.17	6.00	924.91	109.44	330.33
增斜段（A点）	4527.21	91.72	41.61	4134.00	−202.09	966.11	5.50	987.02	101.81	145.74
水平段（B点）	6027.88	91.72	41.61	4089.00	919.41	1962.21	0.00	2166.92	64.89	1500.67

表 3-1-3　Z2-3-H1-2 井井眼轨迹剖面设计表

描述	测深 m	井斜 (°)	网格方位 (°)	垂深 m	北坐标 m	东坐标 m	狗腿度 (°)/30m	闭合距 m	闭合方位 (°)	段长 m
直井段	0.00	0.00	306.32	0.00	0.00	0.00	0.00	0.00	0.00	0.00
	2460.00	0.00	306.32	2460.00	0.00	0.00	0.00	0.00	0.00	2460.00
调整段	2534.98	5.00	306.32	2534.89	1.94	−2.63	2.00	3.27	306.32	74.98
	3133.59	5.00	306.32	3131.22	32.83	−44.66	0.00	55.43	306.32	598.61
	3283.56	0.00	35.00	3281.00	36.71	−49.93	1.00	61.97	306.32	149.97
直井段	3800.09	0.00	35.00	3797.52	36.71	−49.93	0.00	61.97	306.32	516.52
增斜段（A点）	4251.42	90.27	35.00	4084.00	272.48	115.15	6.00	295.81	22.91	451.34
水平段（B点）	5751.02	90.27	35.00	4077.00	1500.88	975.25	0.00	1789.90	33.02	1499.60

表 3-1-4　Z2-3-H1-3 井井眼轨迹剖面设计表

描述	测深 m	井斜 (°)	网格方位 (°)	垂深 m	北坐标 m	东坐标 m	狗腿度 (°)/30m	闭合距 m	闭合方位 (°)	段长 m
直井段	0.00	0.00	305.91	0.00	0.00	0.00	0.00	0.00	0.00	0.00
	2300.00	0.00	305.91	2300.00	0.00	0.00	0.00	0.00	0.00	2300.00
增斜段	2545.97	24.60	305.91	2538.49	30.49	−42.11	3.00	51.99	305.91	245.97
稳斜段	3994.42	24.60	305.91	3855.50	384.09	−530.43	0.00	654.89	305.91	1448.45
扭方位段	4329.57	65.00	35.00	4108.18	571.26	−495.77	6.00	756.39	319.05	335.15
增斜段（A点）	4463.16	87.26	35.00	4140.00	676.83	−421.85	5.00	797.53	328.07	133.59
水平段（B点）	6265.21	87.26	35.00	4226.00	2151.33	610.55	0.00	2236.29	15.84	1802.05

（3）三维水平井井眼轨迹优化。

针对页岩气三维水平井技术难点，提出了井身剖面设计的总体思路：首先根据工具造斜能力、靶前距、偏移距、水平段长度等优选剖面类型；再分别对不同的造斜点、扭方位点、增斜点以及增斜率等剖面设计的关键参数进行优选；然后对钻井及套管下入过程中的摩阻、扭矩进行计算分析，优选出结构设计科学、井眼轨迹光滑、摩阻扭矩低、有利于实钻轨迹控制的三维水平井井眼轨道。

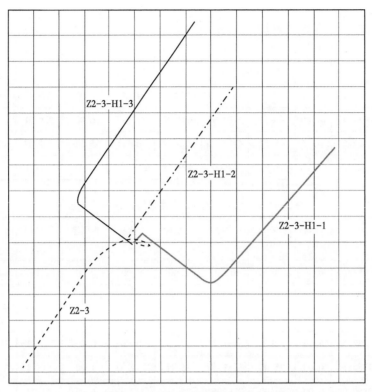

图 3-1-8 Z2-3-H1 平台井眼轨迹水平投影图

综合考虑钻井、后期改造及采气作业要求，剖面设计方法应满足以下要求：

①要满足目前页岩气常用导向工具的造斜能力，提高剖面设计与钻井工具的匹配性，以便后期的低成本推广应用；

②所钻三维井段应尽量短、有利于降低摩阻扭矩。同时，井眼轨迹的全角变化率应满足后期压裂管柱、测试工具下入以及增产改造等作业要求；

③结合页岩气坍塌、漏失等复杂地层特点，剖面设计应平滑顺畅，有利于降低实钻过程中的摩阻扭矩与实钻轨迹控制。

结合渝西区块实际地质工程情况，井眼轨迹关键参数优化如下：

①造斜点优选在 311.2mm 井眼嘉一段及以下，避开嘉陵江上部石膏层，增加直井段长度利于提速。

②防碰风险井段将造斜点上移至 406.4mm 井眼 100～500m 井段进行预增斜，优先拉开井眼间距，利于防碰。

③406.4mm 井眼预增斜，狗腿度宜控制在 3°/30m 内；311.2mm 井眼常规定向，狗腿度宜控制在 4°/30m 内；215.9mm 井眼造斜段狗腿度宜控制在 7°/30m 内，水平段狗腿度宜控制在 3°/30m 内。

④扭方位点优选在 215.9mm 井眼，采用旋转导向完成扭方位段、增斜段、水平段。

针对 Z2-3-H1-3 井设计水平段长 1800m、完钻井深 6265m，采用 Wellplan 软件进行钻进、下套管摩阻扭矩计算分析（图 3-1-9）。模拟条件：①水平段采用油基钻井液，密度为 2.20g/cm³，摩阻系数套管内取 0.15～0.25、裸眼段取 0.25～0.30；②采用旋转导向钻进，钻压 12~15tf。理论计算结果表明：采用上述轨迹，当 139.7mm 钻杆长度 ≥4100m，钻具组合不会发生屈曲，可顺利钻达目的井深；φ139.7mm 套管可顺利下至目的井深。

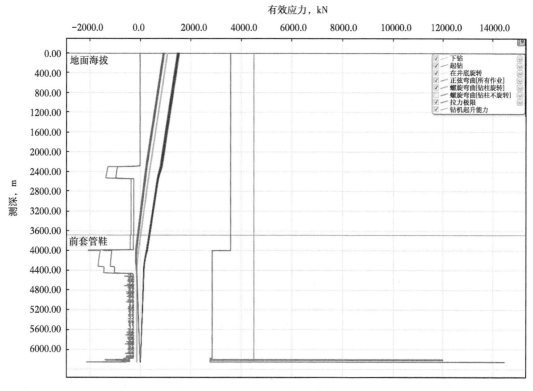

图 3-1-9　Z2-3-H1-3 井有效应力分析

3.1.2.2　地质导向技术

目前渝西区块页岩气水平井钻井主要依托前期完成的导眼井，通过导眼井储层评价，选取优质储层段，明确靶体埋深及方位，指导水平井钻井；但由于渝西区块构造复杂、断层发育，地震资料精确程度不够，水平段长达 1500m、地层倾角变化大，往往会导致实钻过程中沿着设计轨迹钻进的水平井不在预期最佳的位置，从而影响了储层钻遇率。

地质导向技术可以通过随钻测量多种地质和工程参数对所钻地层的地质参数进行实时评价和对比，根据对比结果调整控制井眼轨迹，使之命中最佳地质目标并在其中有效延伸。常规的地质导向工具存在一定不足，即测点距离钻头最短也在 9m 以上；随钻仪器测量盲区过长，判断地层岩性滞后，不能及时判断优质储层位置并调整井眼轨迹，且在水平段钻进时不能及时发现泥质储层，钻头容易钻出储层，导致频繁调整轨迹，井眼轨迹不规则现象。因此，渝西区块页岩气水平井钻井采用近钻头伽马地质导向钻井技术，具有以下优势：

（1）近钻头伽马地质导向可以让钻头在储层窗口内沿地层倾角钻进；

（2）钻头偏出储层后，利用近钻头伽马工具可以快速地导向回储层；

（3）可以及时发现造斜率异常，避免实钻轨迹靠设计轨迹线下方造成调整困难；

（4）准确、及时卡层，指导调整井眼轨迹，提高储层钻遇率。

（1）地质导向建模技术。

现场定向施工需要准确的实钻地层的岩性、含油性及产状等地质信息。现场施工前，综合应用钻井、地震、测井、地质等方面资料进行目标体预测评价，精确计算出入窗点、靶点等，并进行地质建模。

Z2-3井直改平、Z2-5井直改平依据其导眼井获得的各个地质层面及垂深数据，同时结合地震资料，建立基本的二维地质模型；然后将上部井眼实钻数据导入，对模型进行精细调整，得到钻前地质导向模型（图3-1-10、图3-1-11）。利用地质模型，在不同的情形中，模拟出随钻测井仪器在钻遇该套地层时的特征响应，帮助地质导向。

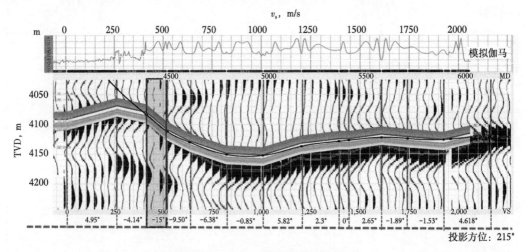

图3-1-10　Z2-3井直改平地质模型

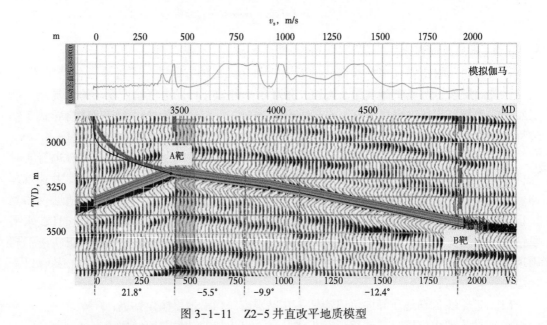

图3-1-11　Z2-5井直改平地质模型

（2）水平段着陆及控制技术。

Z2-3井根据地震剖面，靶点A附近地层倾角下倾13.6°～19.1°，模型暂按下倾15°计。Z2-5井据地震剖面为折线剖面，实钻方位渐变，总体上进入A点前，由于井眼方位

68

与地层构造线交角变化造成视倾角变化较大，不能直接用于倾角预测和 A 点垂深预测（图 3-1-12 至图 3-1-15）。实钻中着陆段轨迹应尽早调整至设计方位，控制调整好层位、井斜、倾角相关关系，制定了相应的着陆方案及水平段轨迹控制方案。

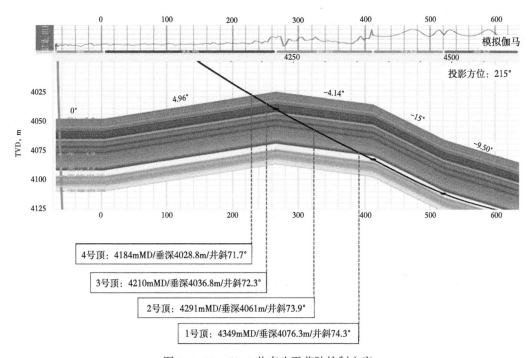

4号顶：4184mMD/垂深4028.8m/井斜71.7°

3号顶：4210mMD/垂深4036.8m/井斜72.3°

2号顶：4291mMD/垂深4061m/井斜73.9°

1号顶：4349mMD/垂深4076.3m/井斜74.3°

图 3-1-12　Z2-3 井直改平着陆控制方案

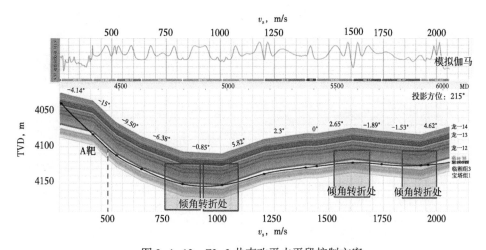

图 3-1-13　Z2-3 井直改平水平段控制方案

水平段钻进结合地震趋势及实钻情况适时调整；在可能的较大地层倾角转折突变处，及时落实上下切，避免轨迹调整的滞后性，力求控制轨迹顺层钻进。

（3）地质导向风险分析及对策。

通过钻前对地质实际进行研究和分析，结合实钻情况，地质导向主要存在以下风险，并提出了相应的对策。

着陆段难点：A 点附近地层倾角变化较大，在横向上或提前或落后，着陆风险大。

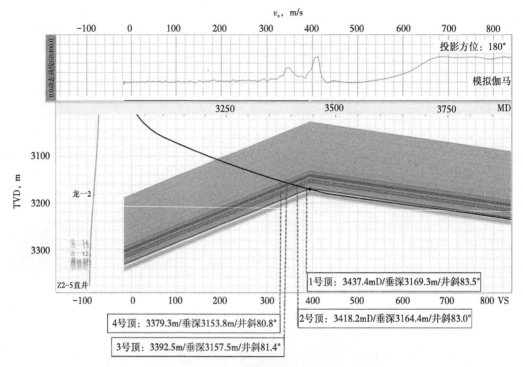

图 3-1-14 Z2-5 井直改平着陆控制方案

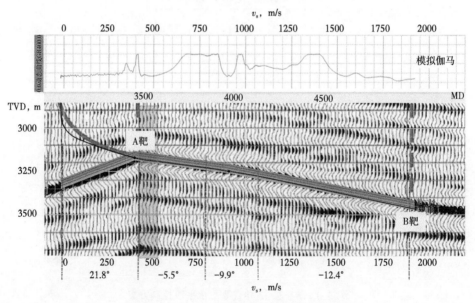

图 3-1-15 Z2-5 井直改平水平段控制方案

对策：

①工程允许条件下，建议定向井轨迹提前将方位扭到位；

②着陆段加强地震轨迹投影，分析判断钻头位置；

③适当控时钻进，落实轨迹上下切和突变点；

④建议控制井斜下探着陆，具体根据实钻进一步调整。

水平段难点：A—B段地层起伏频繁且变化较大，对于5m靶体来说轨迹控制难度大。

对策：实钻中结合随钻测井数据、元素录井等综合判断钻头位置，尤其在可能的地层倾角转折突变处（参考地震上轨迹投影），及时落实上下切，避免轨迹调整的滞后性，确保靶体钻遇率。

3.1.3 钻头选型、钻井参数、钻具组合优化

3.1.3.1 钻头优选

（1）钻头优选方法

目前钻头选型方法大致可以分为3类：第1类是钻头使用效果评价法，该方法从某地区已钻的钻头资料入手，分地层对钻头的使用情况进行统计，把反映钻头使用效果的一个或多个指标作为钻头选型的依据；第2类是岩石力学参数法，该方法根据待钻地层的某一个或几个岩石力学参数，结合钻头厂家的使用说明进行钻头选型；第3类是综合法，该方法把钻头使用效果和地层岩石力学性质结合起来进行选型。针对渝西区块，按"钻头使用效果评价法"开展了各层段PDC（聚晶金钢石复合片）钻头优选。钻头优选如图3-1-16至图3-1-19所示。

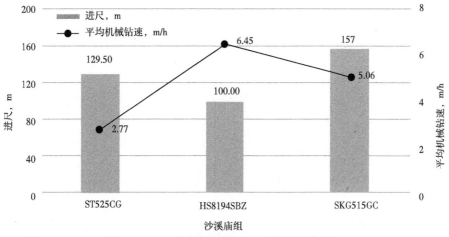

图3-1-16 沙溪庙组660.4mm井眼钻头优选

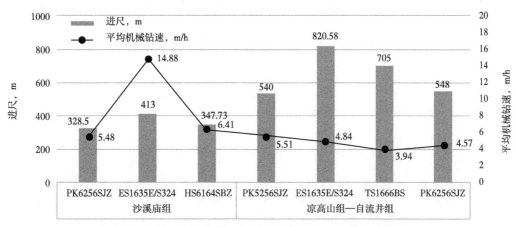

图3-1-17 沙溪庙组—自流井组406.4mm井眼钻头优选

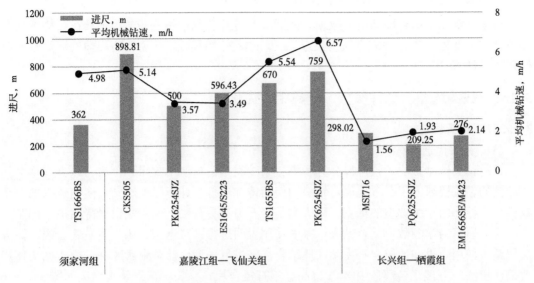

图 3-1-18　须家河组—栖霞组 311.2mm 井眼钻头优选

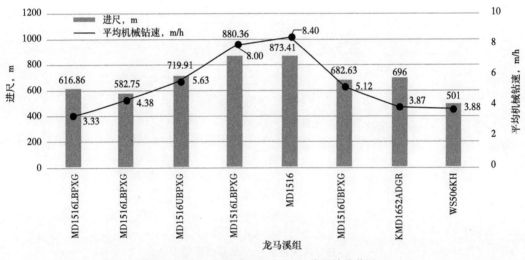

图 3-1-19　龙马溪组 215.9mm 井眼钻头优选

（2）钻头优选序列图版。

根据优选出的钻头情况，制定了钻头优选序列图版（表 3-1-5），为平台式开发提供技术支撑。

表 3-1-5　渝西区块钻头优选序列图版

井眼尺寸，mm	层位	钻井方式	钻头选型
660.4	沙溪庙组	转盘钻	HS8194SBZ SKG515GC
	沙溪庙组	螺杆+MWD	ES1635E/S324
406.4	凉高山组—自流井组	螺杆+MWD	ES1635E/S324 TS1666BS
	须家河组	螺杆+MWD	TS1666BS CKS505

井眼尺寸，mm	层位	钻井方式	钻头选型
311.2	嘉陵江组—飞仙关组	螺杆+MWD	TS1655BS PK6254SJZ
	长兴组—栖霞组	螺杆+MWD	EM1656SE/M423
215.9	龙马溪组	旋转导向+LWD	MDI516LBPXG

3.1.3.2 钻井参数优化

（1）钻井参数对钻速的影响。

当井底净化充分的情况下，机械钻速随钻压、转速的增大呈线性增加关系；理论上，当设备工具、机泵条件满足的条件下，通过强化钻井参数（钻压、钻速、排量）可以直接提高机械钻速（图 3-1-20）。

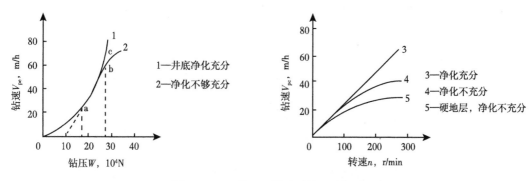

图 3-1-20 钻压、转速对钻速的影响

通过调研斯伦贝谢公司在 Permian 帕米亚区块钻井参数应用情况，发现采用了比较激进的钻井参数组合，极大地提高了机械钻速。例如某井完钻井深 4700m，造斜段 250m，水平段 1300m；钻井周期仅用 13 天，其中造斜段 1 天、水平段 2.5 天；水平段平均钻压 12t，转速 200r/min，平均机械钻速 25m/h。某井完钻井深 5754m，其中造斜段 300m、水平段 2300m；钻井周期 14 天，其中造斜段 1 天、水平段 2.5 天；水平段平均钻压 20t，转速 110r/min。因此，将激进的钻井参数理念引进川渝页岩气区块，首先在长宁页岩气区块应用，取得了显著效果；从而形成了《川渝页岩气钻井指导意见》，在川渝页岩气区块进行推广应用。

在《川渝页岩气钻井指导意见》的基础上，结合渝西区块地质特点、前期钻井情况，形成了渝西区块推荐使用钻井参数，见表 3-1-6。

表 3-1-6 渝西区块钻井参数推荐使用表

开次	尺寸 mm	层位	钻井参数			
			钻压，kN	转速，r/min	排量，L/s	泵压，MPa
一开	660.4	沙溪庙组	10~50	>80	>65	1~5
二开	406.4	沙溪庙组—须家河组	>150	>80	>55	>5
三开	311.2	须家河组—嘉三段	>150	>80	>55	>2
		嘉三段—龙马溪组顶	>150	>80	>55	>20
四开	215.9	龙马溪组	>150	>80	>35	>30

为保障渝西区块高泵压、大排量的钻进需要，需进一步强化钻机配套设备、工具的配备和使用，具体要求如下：

①使用电动钻机，配备顶驱装置。

②配置 52MPa 高压管汇、52MPa 钻井泵，确保缸套、活塞质量可靠；要求钻井泵长期工作压力达到 33~35MPa。

③强化固控设备的使用，筛布大于 200 目，过筛率 100%，离心机使用率大于 60%。

④全井使用全新或一级 ϕ139.7mm 钻杆。

（2）现场应用效果。

通过分析 Z2-1-H1 井实钻资料发现龙马溪组水平段排量为 30L/s 左右，泵压已达 30~34MPa，已接近钻井泵极限，但水平段钻压、转速偏低（钻压 7~8tf，转速 50~60r/min）；因此，Z2-2-H1 井现场试验过程中，将钻压优化至 12tf 左右，转速优化至 100r/min 左右，水平段钻进钻时明显加快，平均机速由 2.74m/h 提高到 5.14m/h（图 3-1-21）。

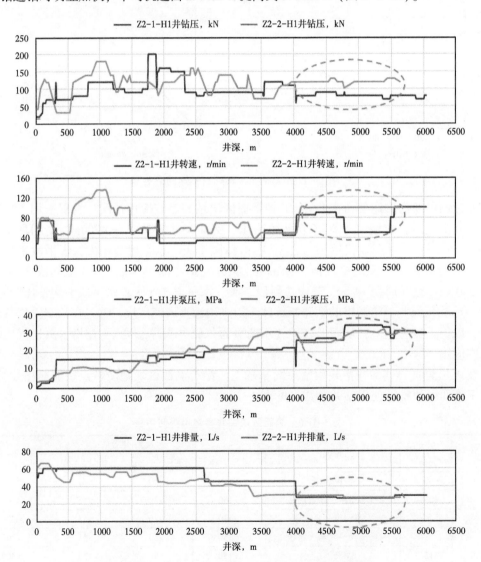

图 3-1-21　Z2-1-H1 井与 Z2-2-H1 井钻井参数对比

3.1.3.3 优选高造斜率旋转导向和井下动力钻具

旋转导向系统（RSS）钻进时具有摩阻扭矩小、钻速高、成本低、建井周期短、井眼轨迹平滑、易调控并可延长水平段长度等特点，被认为是现代导向钻井技术的发展方向。旋转导向系统与滑动导向钻井系统相比，具有钻速快、井眼质量高、降低压差卡钻风险、提高井眼清洁度等优点。

（1）旋转导向工具对比与优选。

①典型旋转导向工具调研对比。

目前典型的旋转导向系统有贝克休斯公司推出的 Auto Trak 不旋转外筒式闭环自动导向钻井系统、斯伦贝谢公司的 Power Drive 全旋转导向钻井系统和 Sperry-Sun 产品服务公司推出的 Geo-Pilot 旋转导向自动钻井系统（表 3-1-7）。

表 3-1-7　三种不同方式旋转导向系统对比

工作方式	代表系统	旋转导向程度	造斜能力（°）/30m	钻井安全性	位移延伸能力	螺旋井眼	适应井眼尺寸 mm
静态偏置推靠钻头式	AutoTrak RCLS[①]	工具系统外筒不旋转	6.5	中	低	存在	φ215.9~311.2
动态偏置推靠钻头式	Power Drive SRD[②]	全旋转	8.5	高	高	存在	φ152.4~311.2
静态偏置指向钻头式	Geo-Pilot[③]	工具系统外筒不旋转	5.5	中	中	消除	φ215.9~311.2

①AutoTrak RCLS：位移工作方式、静止外套、小型化能力差、结构复杂等。

②Power Drive SRD：钻头和钻头轴承的磨损较严重，工作寿命有待进一步提高。

③Geo-Pilot：钻柱承受高强度的交变应力，钻柱容易发生疲劳。

②旋转导向系统优选。

通过 50 余次调研分析，系统评价了国际主流旋转导向工具，优选出的斯伦贝谢公司 Power Drive 工具系列造斜能力强，且具有壳牌公司页岩气项目长期合作基础，组织保障能力强（表 3-1-8）。

表 3-1-8　壳牌公司四川页岩气项目旋转导向钻井时效对比

井名	总进尺，m	钻井周期，d	完井年份	水平段长，m	备注
来 101-H1	5407	205	2011	672	螺杆
坛 101-H1	5893	162	2012	567	螺杆
阳 201-H1	6422	170	2012	1070	螺杆
古 205-H1	5625.5	117	2013	1408	旋转导向
古 202-H1	5894	121	2013	1242	新型旋转导向 PD Archer
洞 202-H1	5729	105	2013	1418	旋转导向
洞 201-H1	5604	127	2013	1266	新型旋转导向 PD Archer

推荐在渝西页岩气水平井的造斜井段使用斯伦贝谢公司的 PD Archer 旋转导向工具，该工具可在页岩层段实现较高的狗腿度，缩短了靶前位移。推荐在水平段使用常规旋转导向工具，该工具性能稳定，后勤保障能力充足，在水平井段具有较好的应用条件。若机泵

条件能够达到要求，可在常规旋转导向前加等壁厚模块马达，提高钻头转速和输出扭矩，从而提高机械钻速，缩短钻井周期。

基于贝克休斯公司在川渝地区先期页岩气水平井的应用效果和装备保障能力，把贝克休斯公司的 AutoTrak 旋转导向和哈里伯顿公司的 EZ-Pilot 7600 作为备用方案。

表 3-1-9 渝西深层页岩气水平井旋转导向推荐方案

方案		备选工具	造斜能力(°)/30m	优点	缺点
造斜段推荐方案		Archer(斯伦贝谢)	<15	高造斜率，混合造斜(指向+推靠式)	调研时国内能同时满足2口井作业
水平段	推荐方案	Power Drive(斯伦贝谢)	<5	推靠式，外壳旋转，性能稳定，价格较 Archer 便宜	造斜率较低，增斜段不适用，备货充足
	备选方案二	AutoTrak(贝克休斯)	<6.5	推靠式，性能稳定	外壳不旋转，井眼不光滑，实际增斜率可能达不到要求
	备选方案三	EZ-Pilot 7600(哈里伯顿)	<10	指向式，执行机构不与井壁接触	国内使用较少，供货周期较长

（2）油基螺杆钻具优选。

由于页岩气井普遍采用油基钻井液体系，普通螺杆胶皮在油性环境下已老化从而造成脱胶等情况，可能会给井下带来严重的复杂情况。通过调研长宁—威远页岩气区块抗油螺杆使用情况，最终优选了国产的立林公司生产的 ϕ172mm、7/8 头、低转速、大扭矩抗油螺杆，该螺杆技术参数较为优良，见表 3-1-10。

表 3-1-10 国产立林公司低转速大扭矩抗油螺杆

钻具型号	排量L/min	转速r/min	工作压力降MPa	输出扭矩N·m	最大压力降MPa	最大扭矩N·m	工作钻压kN	最大钻压kN	最大输出功率kW
7LZ172×7.0L-5	1183~2366	84~168	4.0	7176	5.65	10137	100	170	150

3.1.3.4 井下抗磨减阻工具配套

（1）大尺寸井眼应用水力加压器提速。

①水力加压器工作原理。

水力加压器由上接头、上芯轴、上缸套、上活塞和密封组件构成。芯轴与接头花键连接传递扭矩；活塞带动心轴在缸套内轴向运动，压差作用在活塞上，最终传递给钻头用为钻压。

水力加压器利用循环钻井液的钻头水眼节流压降，作用在活塞上下端面造成的推力差值给钻头加压，具有以下优点：该工具能较好克服含砾地层憋、跳钻现象；解决浅部地层钻具加压困难的问题，提高钻速；避免较大扭矩波动，对钻头起到保护作用，可实现一趟钻完钻的目的。

②现场应用效果。

渝西区块采用 ϕ660.4mm/ϕ609.6mm 大尺寸钻头开眼，部分井 ϕ508mm 导管下深150~300m，钻进过程中跳钻严重、钻头损坏，采用水力加压器配合牙轮钻头钻进，取得初步成效。在 Z2-2-H1 井应用 1 井次，机械钻速较 Z2-1-H1 井提高 34%。

（2）硬地层使用扭力冲击器。

①扭力冲击器工作原理。

井下 PDC 钻头的运动是极其无序的，包括横向、纵向和扭向的振动及这几种振动的组合（图 3-1-22）。井下振动会损坏单个 PDC 切削齿，导致钻头寿命降低，引起扭矩波动干扰定向控制和随钻测井（LWD）信号，以及产生不规则井眼降低井身质量。

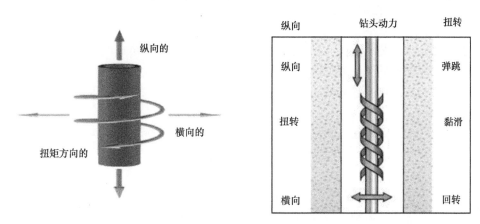

图 3-1-22　扭力冲击器工作原理示意图

扭力冲击器配合 PDC 钻头一起使用，其破岩机理是以冲击破碎为主，并加以旋转剪切岩层，主要作用是在保证井身质量的同时提高机械钻速。扭力冲击器消除了井下钻头运动时可能出现的一种或多种振动（横向、纵向和扭向）的现象，使整个钻柱的扭矩保持稳定和平衡，巧妙地将泥浆的流体能量转换成扭向的、高频的、均匀稳定的机械冲击能量并直接传递给 PDC 钻头，使钻头和井底始终保持连续性。

由扭力冲击器提供的额外的扭向冲击力完全改变了 PDC 钻头的运作，其每分钟 750~1500 次高频稳定的冲击力，相当于每分钟 750~1500 次切削地层，这就使钻头不需要等待扭力积蓄足够的能量就可以切削地层。这时候 PDC 钻头上有两个力在切削地层，一个是转盘提供的扭力，一个是扭力冲击器提供的力，—并直接给到钻头本身（对钻杆并不产生任何作用和改变整个冲击能量的荷载，只作用在钻头体本身上）。这时钻杆的扭矩基本是稳定的，钻杆传达的扭矩可以完全用于切削地层，而不会浪费。

②现场应用效果。

Z2-2-H1 井 ϕ406.4mm 井眼、ϕ311.2mm 井眼使用"PDC+扭力冲击器"提速效果显著；"PDC+扭力冲击器"钻进与上部地层"PDC+螺杆"钻进机械钻速相当，"PDC+扭力冲击器+螺杆"钻进较"PDC+螺杆"钻进机械钻速提高 43%（表 3-1-11）。

表 3-1-11　"PDC+扭力冲击器+螺杆"钻具组合试验效果

井眼尺寸 mm	钻遇地层	提速工具	井段 m	进尺 m	平均机速 m/h
406.4	沙溪庙组—自流井组	PDC+螺杆	223.5~552	328.5	5.48
	自流井组—须家河组	PDC+扭冲	552~1092	540	5.51
311.2	嘉二段—飞仙关组	PDC+扭冲+螺杆	1906~2406	500	3.57
	飞仙关组	PDC+螺杆	1906~2708	302	2.49

3.1.4 工厂化作业技术

根据渝西区块页岩气的地貌环境和工程地质特征，探索进行了适合该区块特征的双钻机工厂化作业流程设计，主要包括双钻机平移技术研究、双钻机交叉作业方案研究、钻井液体系转化与重复利用。

3.1.4.1 双钻机平移技术研究

（1）滑轨式平移技术。

钻机进入井场安装之前，在钻机底座正下方铺设对应于钻机尺寸的钻机整体平移底座平台，钻机安装于平移底座上。钻机平移时，在钻台底座正前方安装推进液缸，液缸尾部固定于平台轨上，固定位置可随钻机位置调整，通过液缸的伸缩实现钻机在底座平台上向前或向后移动。

整体平移设备：钻机底座、钻台及钻台设备、井架及提升设备、机房及机房设备（含机泵房房架）、2台钻井泵（含万向轴）。

（2）液压步进式平移技术。

钻机液压步进式平移装置是在钻机底座上安装支承座，以滑车、导轨和平移液缸为移动工具，利用液压系统为动力及控制，可实现钻机在工作状态下（井架、底座不下放）的整体直线前后及横向平移。该装置用于短距离内将钻机整体移动至预定位置，满足丛式钻井作业的需要。装置总体结构紧凑，安装简便，动作平稳，移位准确。

平移装置主要包括三个部分：一是由支承座、顶升液缸及滑车总成等组成的支撑移动模块；二是由导轨总成、平移液缸等组成的步进平移模块；三是由液压站、液控阀件及辅件组成的控制模块。

3.1.4.2 双钻机交叉作业方案研究

渝西区块采用四开井身结构，首先批量钻井完成一开导管段，其次二开、三开水基钻井液批量钻井，最后四开油基钻井液批量钻井（图3-1-23）；双钻机批量钻井减少钻井液

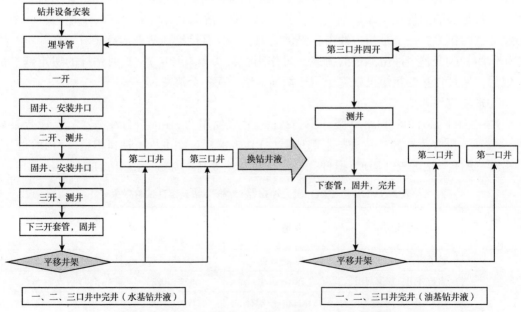

图 3-1-23　工厂化批量钻井作业流程（不包含导管段）

用量和倒换钻具时间；开钻时间错开 7 天，实现钻具搬安和运输设备、人员共用。

循环系统以第一排第 3 口井为基准摆放，批量化钻井作业中循环系统、钻井泵组、发电房和电控房不需移动位置，只需根据钻机位置延长钻井液管汇和电缆；钻机井架、底座、绞车由步进装置整体移动。要求每口井的套管头不高于钻机基础 200mm，以满足钻机的整体纵向、横向的二维移动要求。

3.1.4.3 钻井液体系转化与重复利用

页岩气井采用工厂化钻完井模式，由于钻井数目大，必须实现水基钻井液的循环利用和油基钻井液的回收再利用，即实现钻井液的工厂化作业模式，否则成本过高并给环境造成极大的伤害。工厂化作业钻井液方案，通过优选岩屑回收利用率高的钻井液体系，细化施工作业工艺流程实现油基/水基钻井液的交替循环使用，同时建立钻井液集中处理储存站，实现了页岩气钻井液的工厂化作业。调研威远地区、长宁地区现场应用，水基钻井液可循环利用次数不低于 6 次、油基钻井液回收利用率达到 80%以上，钻井液综合成本较常规作业模式降低 25%左右，取得了良好的技术经济指标。

3.1.4.4 现场应用效果

目前渝西区块仅 Z2-3 平台 1 号井、2 号井初步实施了工厂化作业。在这 2 口井的钻井施工过程中，井队通过平移井架使 2 口井同开次施工结束后再进入后续开次，相比较于施工完一口井再进行另外一口井施工，优势体现如下：

（1）同开次使用的封井器设备相同，避免了重新组织，且整体拆除封井器，平移后能够在最短的时间在下口井完成安装，节省了劳动量，缩短了钻井周期，节约了组织设备工具的运输成本。

（2）同开次钻进使用的钻井液体系相同，钻井液可以重复使用，节省了新配钻井液的工作量，节约了钻井液成本，水基钻井液转油基钻井液可以一次性处理完毕。而施工完一口井再进行另一口井施工需要 2 次处理钻井液，转换 2 次油基钻井液，成本、劳动量、钻井周期大大增加。

（3）同开次钻进施工，各开次井深差别不大，钻具需求一样节约钻具成本。而先完成一口井，再进行另外一口施工，井场钻具多，钻具成本增加，回收增加大量运输成本。

（4）同开次施工钻井工具集中组织备用，避免组织不到位而影响钻进施工进度。

3.2 水平井钻井液技术

3.2.1 深层页岩储层井壁失稳机理

渝西区块先导性试验井（Z2-1、Z2-1-H1、Z2-2 等井）储层埋藏深、地层压力高、地层温度高、全井压力差异大，钻井过程中，大斜度（水平）段应力性垮塌严重制约安全、快速钻进（表 3-2-1）。

表 3-2-1　已钻井复杂情况统计

井号	井深，m	目的层	复杂与事故类型
Z2-1-H1	5190	龙马溪组	井壁垮塌、卡钻
Z2-2	4248	龙马溪组	井壁垮塌、阻卡

页岩层理发育、强度低、脆性大，在外力作用下易掉块，连续掉块会导致井壁崩塌。页岩解理、岩石强度降低和较大的脆性，更易引发井壁失稳。因此改善钻井液性能、提高页岩强度保持能力是稳定井壁的关键。井壁失稳机理：页岩地层发育（微）裂缝与层理面为钻井正压差下液相进入地层提供通道；地层中微裂缝—黏土矿物—钻井液综合作用降低了页岩的结构强度，而封堵性能强的钻井液体系能有效保持页岩强度；页岩地层的脆性特征方面，在高速钻进过程中，井周地层岩石中容易产生应力释放缝，若与层理面、微裂缝贯通，会加剧井壁失稳。

3.2.2 高密度油基钻井液关键处理剂

3.2.2.1 基液选择

在油基钻井液体系中，基液作为分散介质，有着不可替代的作用。在早期的油基钻井液体系中，较为常用的基液是柴油，虽然其价格低廉，但是生物毒性高。随着环保事业的发展，低毒的矿物油和合成基基液使用的较为常见。因此，通过对白油、柴油以及气制油等基液性能的分析比较，选择合适的油基钻井液基液是油基钻井液的基础。

表3-2-2说明，最环保的是气制油，其苯胺点达到了97℃，说明其芳香烃含量极低，生物毒性很低；柴油的苯胺点为62℃，说明其芳香烃含量高，生物毒性大，对环境影响也很大；白油居中，属低毒、环境可接受类物质。

表3-2-2　不同基液的性能分析

基液	闪点 ℃	倾点 ℃	燃点 ℃	苯胺点 ℃	运动黏度（40℃） mm²/s
柴油	65	<-8	150	62	2.9
3#白油	110	<-5	112	82	3.0
5#白油	120	<-5	140	85	4.8
7#白油	130	<-5	146	80	7.1
气制油	112	<-10	120	97	2.9

从使用安全上看，白油的闪点在110℃以上，使用安全系数高。根据现在油基钻井液基液的选择条件：一是基油应该有尽量高的闪点和燃点，确保体系的安全；二是基液的黏度不应过高；三是防止对环境造成污染和破坏，基油应无荧光、芳香烃含量尽量低，无毒。白油属于环保性低毒矿物油，试验中3#白油与气制油在环保性、流变性、安全性上都满足配置油基钻井液基本需求，但气制油当前主要应用在对环保要求更高的海上油田，其成本较3#白油高，在供应上也不及白油易获取，因此在陆上钻井配制油基钻井液还是优先选择3#白油作为油基钻井液的基液。

3.2.2.2 乳化剂的选择

（1）主乳化剂选择。选择环烷酸钙、石油磺酸钙、SP-80、十二烷基苯磺酸钙、A、B、C作为主乳化剂，加量为3%。基液配方为：290mL白油+58mL盐水（30%氯化钙），加入乳化剂后配制成乳状液，用电稳定性测试仪测试破乳电压大小，实验结果见表3-2-3。

表 3-2-3 乳化剂乳化能力评价

序号	乳化剂	加量, %	破乳电压, V
1	SP-80	3	385
2	环烷酸钙	3	325
3	石油磺酸钙	3	370
4	十二烷基苯磺酸钙	3	315
5	QHZ-1	3	680

表 3-2-3 测试数据中，环烷酸钙、石油磺酸钙和十二烷基苯磺酸钙、SP-80 的破乳电压均小于 400V，乳化剂 QHZ-1 大于 600V，因此，在油基钻井液中选择乳化剂 QHZ-1 作为无土相油基钻井液体系的主乳化剂。

用 290mL 白油+58mL 盐水（25%氯化钙）作为基液，加入不同量的主乳化剂 QHZ-1（用 B 代表），在 50℃测定老化前破乳电压值及钻井液的流变性性能，再 120℃老化 16h，冷却完全后从老化罐中取出，高搅 20min，在 50℃下，测定其老化后破乳电压及流变性性能以及 API 失水情况，分析此种乳化剂的稳定性。主乳化剂 B 的加量优选实验结果见表 3-2-4。

表 3-2-4 主乳化剂加量选择实验

配方	测试条件	AV mPa·s	PV mPa·s	YP Pa	Φ_6/Φ_3	破乳电压 V
基液+1%乳化剂 B	滚前	32	20	12	1.5/0	350
	滚后	39	21.5	17.5	1.5/0	360
基液+2%乳化剂 B	滚前	38	23	15	3.0/1.0	410
	滚后	41	24	17	2.0/0.5	450
基液+3%乳化剂 B	滚前	40	23	17	1.5/0	625
	滚后	44	25	19	2.5/1.0	610
基液+3.5%乳化剂 B	滚前	42	24	18	2.0/0.5	640
	滚后	44	26	18	2.0/0.5	680
基液+4%乳化剂 B	滚前	43	25	18	2.5/0.5	690
	滚后	45	25	20	2.5/0.5	700

由表 3-2-4 可知：乳状液的表观黏度 AV、塑性黏度 PV、动切力 YP 和破乳电压都随着主乳化剂的加量增加而缓慢增加，但 Φ_6 和 Φ_3 的读值除外，变化无规律。当乳化剂 B 加量在 3%~3.5%时，上述数值保持稳定；加量超过 3.5%后，各项性能变化不大。从处理剂最优性价比角度，主乳化剂的加量在 3%~3.5%之间即能达到最优性能，超出 3.5% 后对体系电稳定性贡献不大，成本反而提升，因此主乳化剂的加量可控制在 3%~3.5%之间。

（2）辅助乳化剂的加量选择。两种乳化剂混合后，靠分子之间的相互作用形成的密堆复合膜，这种膜比单一膜更结实，更有强度，能使油水两相不易自动聚集。辅助乳化剂与主乳化剂复配后，乳化效果远远强于单一乳化剂。本书选用 QHF-2（用 C 表示）为辅助乳化剂，实验结果见表 3-2-5。

表 3-2-5 辅助化剂加量选择实验

配方	测试条件	AV mPa·s	PV mPa·s	YP Pa	Φ_6/Φ_3	破乳电压 V
基液+0.5%乳化剂 C	滚前	32	22	10	1.5/1.0	735
	滚后	39	23.5	15.5	2/1.0	760
基液+1%乳化剂 C	滚前	41	23	18	3.5/2.0	1010
	滚后	46	25	21	4.0/2	1160
基液+1.5%乳化剂 C	滚前	42	26	16	3.5/2.0	1080
	滚后	48	28	20	4.0/1.5	1200
基液+2.0%乳化剂 C	滚前	43	26	17	4.0/1.0	920
	滚后	48	27	21	4.0/1.5	1020

注：基液配方：290mL 白油+58mL 盐水（25%氯化钙）+2% QHZ-1。

当 QHF-2 加量在 0.5%~1.0%之间时，乳状液的体系的表观黏度 AV、塑性黏度 PV、动切力 YP、Φ_6 和 Φ_3 读值和破乳电压都在缓慢增加。当 QHF-2 乳化剂加量大于 1.5%时，体系的破乳电压开始下降，这是由于 QHF-2 是一种亲水性的表面活性剂，加量到达一定程度后会影响乳状液的稳定性。因此可考虑选择 QHF-2 的最优加量为 1%左右。

3.2.2.3 有机土的优选

以有机土在 3#白油中的胶体率及造浆性为指标，对有机土 1、有机土 2 和有机土 3 三种有机土进行了评价优选。

（1）常温成胶能力对比实验。分别取有机土 1、有机土 2 和有机土 3 进行对比实验。将 3%的有机土加入白油中，高速搅拌 30min 后转入量筒中静置。观察有机土的悬浮状态，分别测量静置 24h 后的悬浊液上部析出的油量，计算出胶体率，结果如图 3-2-1 所示。

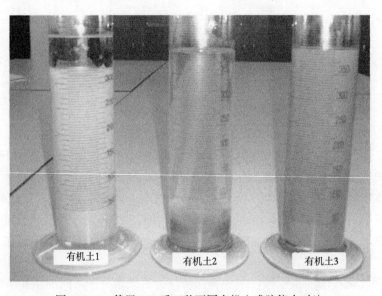

图 3-2-1 静置 24h 后三种不同有机土成胶能力对比

实验结果：在白油中有机土 1 的胶体率为 80%，有机土 2 的胶体率为 25%，有机土 3 的胶体率接近 98%。

（2）高温成胶能力对比实验。分别取有机土 1、有机土 2 和有机土 3 进行对比实验。将 3% 的有机土加入白油中，高速搅拌 30min 进滚子炉 140℃ 热滚 16h 取出冷却后转入量筒中静置。观察有机土的悬浮状态，测量静置 24h 后的悬浊液上部析出的油量，计算有机土的胶体率。结果如图 3-2-2 所示。

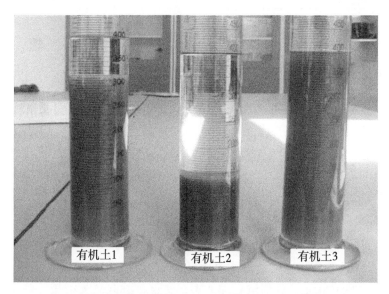

图 3-2-2　高温热滚静置 24h 三种不同有机土成胶能力对比

实验结果：在白油中 140℃ 热滚 16h 后静置 24h，有机土 1 的胶体率为 77.5%，有机土 2 的胶体率为 32.5%，有机土 3 的胶体率接近 96%。

（3）提切能力实验。量取 400mL 白油，加入 12g 有机土，在 11000r/min 条件下高搅 30min，测流变性。然后在 140℃ 条件下热滚 16h，冷却至室温，在 11000r/min 条件下高搅 5min，测流变性，结果表 3-2-6。

表 3-2-6　不同有机土在白油中的流变性

有机土	测试条件	AV mPa·s	PV mPa·s	YP Pa	Φ_6/Φ_3
有机土 1	滚前	11	9	2	2/1
	滚后	12	10	2	2/1
有机土 2	滚前	6	5	1	1/0
	滚后	8	6	2	0/0
有机土 3	滚前	19.5	14	5.5	3/2.5
	滚后	20	14	6	5/3

由表 3-2-6 可以看出：有机土 3 在白油中提高黏切的能力优于有机土 1 和有机土 2，因此，选定有机土 3（HFEL）为油基钻井液体系基本处理剂。

3.2.2.4 油基钻井液增黏剂提切剂优选

按 290mL 白油+58mL 盐水（25%氯化钙）+2%B+1.5%D+2%有机土+3%降滤失剂+1.5%润湿剂+重晶石 50%配方配制基液，提切剂 QHT-6 的实验效果见表 3-2-7。

表 3-2-7 提切剂的作用效果

配方	测试条件	AV mPa·s	PV mPa·s	YP Pa	Φ_6/Φ_3
基液	滚前	32	22	10	1.5/1.0
	滚后	36	24	12	2.5/1.5
基液+0.5%QHT-6	滚前	36	24	12	3.5/20
	滚后	39	25	14	4.0/2.5
基液+0.8%QHT-6	滚前	42	26	16	6.5/4.5
	滚后	44	27	17	6/4.0
基液+1.0%QHT-6	滚前	48	27	21	7.5/6.5
	滚后	46	28	18	9.5/6.0

表 3-2-7 的实验说明，提切剂 QHT-6 在加量为 1%时，其 Φ_6 读值都在 7 个以上，而油基钻井液的表观黏度虽有所增加，但增加幅度不大。

3.2.2.5 油基钻井液降滤失剂优选

在油基钻井液体系中分别加入沥青类降滤失剂（用 D 表示）、合成树脂类降滤失剂 LIQUITONE 和 VERSATROL，分别用 E 和 F 表示，评价其降滤失效果，结果见表 3-2-8。可以看出，沥青类 D 降滤失剂的加入，油基钻井液的表观黏度、塑性黏度、动切应力都有增加，HTHP 滤失量由 13mL 降为 10mL。

表 3-2-8 降滤失剂优选实验

配方	测试条件	AV mPa·s	PV mPa·s	YP Pa	Φ_6/Φ_3	破乳电压 V	API 滤失量 mL	HTHP 滤失量 mL
基液	滚前	32	22	10	1.5/1.0	780	5.6	14
	滚后	39	27.5	11.5	2.5/1	910	5	13
基液+5%沥青类-D	滚前	48	26	22	3.0/1.0	740	4.8	11
	滚后	56	30	24	3.5/1.5	870	4.4	10
基液+5%树脂类-E	滚前	35	21	14	4.0/2.0	726	3.6	4.6
	滚后	37	23	14	4.0/2.0	920	2.8	3.2
基液+5%树脂类-F	滚前	36	24	12	3.5/1.0	730	2.0	3.4
	滚后	39	25	14	3.5/1.5	928	1.6	2.6

注：（1）基液配方：290mL 白油+58mL 盐水（30%氯化钙）+3%B+1.0%C+2%有机土；
  （2）老化条件：120℃老化 16h；HTHP：120℃×3.5MPa。

树脂类 E 降滤失剂加入后，油基钻井液的流变性能变化不大，其 HTHP 滤失量由 13mL 降低至 3.2mL；树脂类 F 降滤失剂加入后，油基钻井液的流变性能基本不变，其 HTHP 滤失量由 13mL 降低至 2.6mL。因此选择 LIQUITONE 和 VERSATROL 作为油基钻井液的降滤失剂。

为了确定油基钻井液体系中改性树脂-C的最优加量，在室内测试了在不同加量下油基钻井液的流变性能和降滤失性能，实验结果见表3-2-9。

表3-2-9 降滤失剂加量优选

配方	测试条件	AV mPa·s	PV mPa·s	YP Pa	Φ_6/Φ_3	破乳电压 V	API滤失量 mL	HTHP滤失量 mL
基液	滚前	32	22	10	2.5/1.0	780	5.6	14
	滚后	33	27.5	5.5	2.5/1.5	910	5	13
基液+3%E	滚前	34	22	12	3.0/1.0	740	2.8	5.6
	滚后	36	23	13	4.0/2.0	870	16	4.2
基液+5%E	滚前	36	23	13	3.5/1.5	726	1.6	4.6
	滚后	38	24	14	4.0/2.0	920	0.8	3.2
基液+3%F	滚前	34	23	11	3.0/1.5	730	2.0	8.4
	滚后	37	23	14	3.5/1.0	928	1.6	8.2
基液+5%F	滚前	38	24	14	4.0/2.0	1080	1.2	3.4
	滚后	41	26	15	4.0/2.0	1200	0.8	2.6

注：（1）基液配方：290mL白油+58mL盐水（30%氯化钙）+3%B+1.0%C+2%有机土；
　　（2）老化条件：120℃老化16h；HTHP：120℃×3.5MPa。

由表3-2-9可以看出，当降滤失剂改性树脂-C的加量增加时，滤失量有所降低；当加量为5%时，油基钻井液体系的API滤失量和HTHP滤失量最低，体系具有较好的流变性。因此最优加量选择为5%。

3.2.2.6 油基钻井液润湿剂优选

润湿剂是具有两亲结构的表面活性剂，分子中亲水的一端与固体表面有很强的亲合力。当润湿剂分子聚集在油和固体界面并将亲油端指向油相时，原来亲水的固体表面便转变为亲油，这一过程常被称为润湿反转。润湿剂的加入使刚进入钻井液的重晶石和钻屑颗拉表面迅速转变为油润湿，从而保证它们能较好地悬浮在油相中，保持油基钻井液的性能稳定。

（1）润湿剂优选。润湿剂选择了QHR-3（用G表示）、VERSACOAT（H）和另一种国产润湿剂J三种润湿剂进行实验。实验方法为：将重晶石过100目筛，量取100mL3#白油，加入一定量的润湿剂，向白油中加入20g重晶石，高速搅拌20min后迅速将重晶石悬浮液倒入150mL具塞量筒中，分别读取0、30min、1h、2h直至7h量筒中重晶石悬浮体的体积，实验结果见表3-2-10。

表3-2-10 润湿剂对悬浮重晶石的影响（悬浮体积）　　　　单位：mL

时间	0	30min	60min	120min	180min	240min	300min	360min	420min
基液	103	80	45	10	7	7	7	7	7
基液+2%G	105	104	104	102	98	97	95	93	92
基液+2%H	105	98	95	91	89	84	80	76	68
基液+2%J	105	103	100	97	93	91	89	87	83

通过不加润湿剂溶液沉降曲线和不同润湿剂溶液沉降曲线的比较，可知各润湿剂均有一定的润湿效果。润湿剂 QHR-3，在加量为 2% 时，可以保证悬浮体积在 92% 左右；润湿剂 VERSACOAT，在加量为 2% 时，可以保证悬浮体积在 90% 左右。因此选择润湿剂 QHR-3 和 VERSACOAT 作为油基钻井液的润湿剂。

（2）润湿剂加量选择。为了确定润湿剂加量和对油基钻井液性能的影响，在室内测试了润湿剂在不同加量下油基钻井液的流变性能，实验结果见表 3-2-11。

表 3-2-11 润湿剂加量优选

配方	测试条件	AV mPa·s	PV mPa·s	YP Pa	Φ_6/Φ_3	破乳电压 V	API 滤失量 mL	HTHP 滤失量 mL
基液	滚前	56	22	34	1.5/1.0	980	1.6	3.2
	滚后	57	27.5	29.5	2.5/1.5	1080	0.8	2.6
基液+0.5%润湿剂 G	滚前	41	26	15	3.0/1.0	940	1.6	3.2
	滚后	43	23	20	3.0/1.0	970	1.0	2.4
基液+1.0%润湿剂 G	滚前	39	22	17	3.5/1.5	880	1.0	2.4
	滚后	41	22	19	4.0/2.0	840	1.8	3.2
基液+1.5%润湿剂 G	滚前	36	22	14	4.0/2.0	730	2.0	2.2
	滚后	38	23	15	4.0/2.0	720	1.6	3.2
基液+0.5%润湿剂 H	滚前	42	22	20	3.0/1.0	980	1.6	2.6
	滚后	44	23	21	3.0/1.0	960	1.6	2.4
基液+1.0%润湿剂 H	滚前	39	22	17	3.5/1.5	920	2.0	3.4
	滚后	41	23	18	3.5/1.5	900	2.0	3.4
基液+2.0%润湿剂 H	滚前	38	21	17	4/1.5	840	1.8	3.2
	滚后	41	22	19	4/2	820	1.8	3.4

注：（1）基液配方：290mL 白油+58mL 盐水（30%氯化钙）+3%B+1.0%C+2%有机土+5%降滤失剂 E+重晶石 100%；
（2）老化条件：120℃ 老化 16h；HTHP：120℃×3.5MPa。

从表 3-2-11 可以看出，若油基钻井液中没有润湿剂，加重后，表观黏度、塑性黏度都很高；加入润湿剂后，流变性能变好，在润湿剂加量为 1.5%～2.0% 效果最佳。当加量达到 2.0% 以后，油基钻井液的破乳电压有所下降。因此，润湿剂的加量宜控制在 1.5%～2.0%，不会导致油基钻井液稳定性的下降。

3.2.2.7 油基钻井液润湿剂优选

考察不同 CaO 加量对油基钻井液体系性能的影响，实验结果见表 3-2-12。

表 3-2-12 石灰加量对油基钻井液性能的影响

配方	测试条件	AV mPa·s	PV mPa·s	YP Pa	Φ_6/Φ_3	破乳电压 V	API 滤失量 mL	HTHP 滤失量 mL
基液	滚前	32	22	10	1.5/1.0	580	2.6	8
	滚后	36	24	12	2.5/1.5	610	2.6	9

配方	测试条件	AV mPa·s	PV mPa·s	YP Pa	Φ_6/Φ_3	破乳电压 V	API滤失量 mL	HTHP滤失量 mL
基液+0.5%石灰	滚前	33	23	10	2/1.0	640	2.6	8.2
	滚后	38	27	10.5	2.5/1.0	770	2.6	9
基液+1.0%石灰	滚前	36	24	12	3.0/1.5	680	3.0	8.4
	滚后	42	31	11	3.0/1.0	840	3.2	9.8
基液+1.5%石灰	滚前	38	24	14	3.5/1.5	730	5.2	12.4
	滚后	46	28	18	3.5/1.5	920	7.6	14.2

注：（1）基液配方：290mL白油+58ml盐水（25%氯化钙）+2%B+1.5%D+2%有机土+3%降滤失剂+1.5%润湿剂+重晶石90%；

（2）老化条件：120℃老化16h；HTHP：120℃×3.5MPa。

由表3-2-12可以看出，钻井液体系的表观黏度、塑性黏度和动切力在CaO增大加量后，都在缓慢提高。滤失量变化是，加量小于1%时，滤失量变化不大；当加量大于1%时，滤失量有增加较大。因此油基钻井液体系中CaO的最优加量为1%。

3.2.2.8 油基钻井液封堵剂优选

（1）封堵剂的类型选择。

有效的封堵是防止泥页岩地层垮塌的关键技术，否则会严重影响着页岩油气井的勘探和开发。针对页岩水平井的油基钻井液，油相钻井液滤液沿着微裂缝在正压差作用下侵入页岩后同样会造成页岩内部孔隙压力增大，继而发生井壁掉块和坍塌。因此页岩水平井的油基钻井液需要优选油基专用封堵材料封堵页岩微裂隙，以多粒径的封堵材料以及运用多种封堵机理进行综合封堵，使钻井液在近井壁附近形成一层"隔离膜"，从而增强油基钻井液对地层微裂隙的封堵能力，维持井壁稳定。

本实验选择了三种类型的封堵剂来加强油基钻井液的封堵能力，见表3-2-13。

表3-2-13 页岩气水平井油基钻井液封堵材料

封堵材料名称	功能
刚性超微细颗粒	刚性充填微细粒，架桥和改善滤饼质量
沥青类封堵材料	柔性的充填封堵粒子，有"糊壁"的效果，改变钻井液颗粒级配
树脂类封堵材料	可软化的复合树脂，粒径分布宽，随井温的升高开始软化，形成封堵膜

（2）刚性超微细颗粒级配选择。

刚性超微细颗粒选用碳酸钙。为了分析其封堵效果，将不同目数的碳酸钙配成3%的溶液，测定滤失量后取出滤饼，小心分离滤纸，用电镜扫描滤纸，结果如图3-2-3至图3-2-6所示。

从图片上看，500目碳酸钙在滤纸上嵌入较少，有较多的孔隙没有封住；800目碳酸钙嵌入较多，有少量孔隙没有封住；1250目碳酸钙嵌入量最多，但一些大孔隙没有封住。由此说明，500目碳酸颗粒较粗，800目与1250目的颗粒较适合。按800目:1250目为1:1、1:2、1:3、3:1、3:2、2:3的比例复配两种目数的碳酸钙，进行以上实验。在滤纸上封堵效果最好的比例为800目碳酸钙:1250目碳酸钙 = 1:3，封住的缝隙最多。因此，超细钙的级配的最优比例为：800目:1250目 = 1:3。

图 3-2-3　500 目碳酸钙在滤纸上的封堵情况（放大 1000 倍）

图 3-2-4　800 目碳酸钙在滤纸上的封堵情况（放大 1000 倍）

图 3-2-5　1250 目碳酸钙在滤纸上的封堵情况（放大 1000 倍）

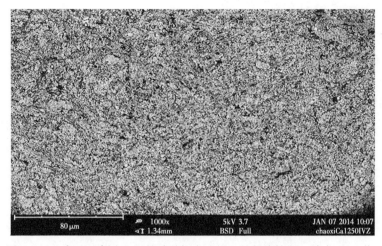

图 3-2-6 复配比例为 1:3 的碳酸钙在滤纸上的封堵情况（放大 1000 倍）

（3）封堵剂加量实验。

用高温高压失水仪做封堵实验。取掉釜体内的滤纸，用 80~100 目 105g 石英砂填入釜体的下部，压实后厚度为 0.91cm，装入 300mL 钻井液。装好上盖板，在上下阀杆都开启的状态下，通过上阀杆加压，测定 30min 内钻井液的漏失量。只要没有钻井液漏出，就能说明钻井液在该砂床的侵入深度小于 1cm，如图 3-2-7 所示。

HTHP 岩床封堵实验高温砂床采用底部 50g（40~60 目）砂子+上部 150g（150~180 目）岩屑粉填制。在 HTHP 滤失仪中测定了强封堵油基钻井液的高温高压砂床封堵能力。实验表明体系在 120℃×3.5MPa 的砂床滤失量为 0，高温高压滤失量都小于 1mL，说明油基钻井液封堵能力强，见表 3-2-14。

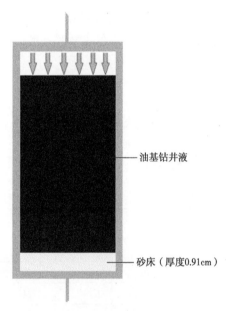

图 3-2-7 砂床封堵实验示意图

表 3-2-14 封堵剂加量实验

封堵剂加量	高温高压滤失量，mL	砂床漏失量，mL
1#：油基钻井液+3%分级碳酸钙	4.8	2.4
1#+3%BARABLOK	2.2	1.8
1#+3%BARABLOK+3% Baracarb-5	0.6	0
1#+3%SOITEX	0.8	0

3.2.3 高密度油基钻井液配方优选

3.2.3.1 水相活度的确定

调节油基钻井液中的水相活度，使其与泥页岩地层水中的活度相当，从而避免钻井液中的水进入泥页岩地层造成泥页岩水化，是确保井壁稳定的措施之一。两者活度相等是油基钻井液和地层不发生水运移的必要条件，因此取威202-H13井龙马溪组页岩，按泥页岩理化性能试验方法测定岩样密度和吸附等温线，根据岩样含水量确定岩样水相活度，结果见表3-2-15。

表 3-2-15 威 202-H13 井龙马溪页岩分析结果

井号	层位	岩样密度 g/cm³	岩样含水量 %	岩样活度
威 202H13-1	龙马溪组	2.60	6.0	0.74
威 202H13-3	龙马溪组	2.60	6.2	0.73

表3-2-15所测页岩的活度为0.73～0.74，因此钻井液水相的活度也应调节在这一范围。在相同浓度下，用氯化钙调节水相活度可比氯化钠产生更高的渗透压，氯化钙水溶液浓度为19%～24%可以达到要求。

3.2.3.2 油水比的确定

合适的油水比是保证油基钻井液具有良好稳定性和流变性的重要因素。原因是水含量过高，则界面积增大，其体系的电稳定性和热稳定性同时变化，不利于油基钻井液的稳定。水含量过小，则体系的黏度切力低，井眼净化能力减弱。不同油水比，钻井液密度都为1.80g/cm³的性能见表3-2-16。

表 3-2-16 不同油水比的钻井液性能

油水比（体积）	测试条件	AV mPa·s	PV mPa·s	YP Pa	Φ_6/Φ_3	API 滤失量 mL	HTHP 滤失量 mL	破乳电压 V
95:5	滚前	32	20	12	7/5	0	0.8	1100
	滚后	34	21	13	7/5	0	0.8	1100
90:10	滚前	38	23	15	8/7	0.4	1.0	980
	滚后	42	28	14	7.5/5.5	0.6	1.2	960
85:15	滚前	46	21	25	8/6	0.8	1.6	900
	滚后	50	26	24	8/5.5	1.0	1.8	860

注：（1）基液配方：不同油水比+2%B+1.5%D+3%有机土+3%降滤失剂+1.5%润湿剂+2%封堵剂+重晶石；
　　（2）老化条件：120℃老化16h；HTHP：120℃×3.5MPa。

从表3-2-16可以看出，随着油水比的减小，体系黏度切力在缓慢增加，滤失量也在减小。在油水比为85:15时，高温高压下滤失量比较大，满足不了技术指标。当油水比为90:10时，钻井液的黏度切力偏大。所以在实验中采用油水比为95/5。

3.2.3.3 成果配方

通过以上处理剂的优选实验和相关性能的评价，得出了油基钻井液的配方，见表3-2-17。

表 3-2-17　油基钻井液成果配方

成果配方	白油+2%~3%有机土+3%主乳化剂+1%辅乳化剂+1%润湿剂 +5%~15%CaCl₂ 溶液（26%浓度） + 4%~5%石灰+4%~5%降滤失剂+2%~3%封堵剂+3%~4%分级碳酸钙+0.8%分散剂+BaSO₄

3.2.4　性能评价

3.2.4.1　流变性能

分别配制密度为 2.0g/cm³、2.5g/cm³、2.75g/cm³ 的油基钻井液，然后在 80℃ 和 120℃ 下热滚 16h，测定热滚前后的流变性能，结果见表 3-2-18。

表 3-2-18　不同密度下油基钻井液的流变性能

密度 g/cm³	测试条件 ℃	AV mPa·s	PV mPa·s	YP Pa	Φ_6/Φ_3
2.40	80	112	98	14	7/5.0
	120	108	96	12	7/5.5
2.50	80	122	109	13	8/6
	120	116	101	15	8.5/6.5
2.75	80	54	26	28	10/8
	120	57	29	28	11.5/8

由表 3-2-18 可知，密度为 2.00g/cm³、2.50g/cm³、2.75g/cm³ 的油基钻井液的流变性好，其 Φ_6 都在 7 个以上，能满足钻井要求。

3.2.4.2　滤失性能

分别配制密度为 2.0g/cm³、2.5g/cm³、2.75g/cm³ 的油基钻井液，然后在 80℃ 和 120℃ 下热滚 16h，测定热滚前后的 API 和 HTHP 滤失量，结果见表 3-2-19。

表 3-2-19　不同密度下油基钻井液的滤失量

钻井液体系	密度 g/cm³	测试条件 ℃	API 滤失量 mL	HTHP 滤失量 mL
超高密度油基钻井液	2.00	80	0	0
		180	0	1.0
	2.50	80	0	0
		180	0	0.6
	2.75	80	0	0
		180	0	0.6

由表 3-2-19 可知，密度为 2.00g/cm³、2.50g/cm³、2.75g/cm³ 的油基钻井液滤失量都比较低，其 API 滤失量为 0，HTHP 滤失量最大值为 1.0mL，都低于技术研究的目标值。

3.2.4.3　润滑性能

不同密度的润滑性能见表 3-2-20。

表 3-2-20 不同密度下油基钻井液的润滑性能

钻井液体系	密度, g/cm³	测试条件,℃	滑块 k_f	黏滞 k_f
油基钻井液	2.00	80	0.006	0.020
		180	0.006	0.020
	2.50	80	0.024	0.042
		180	0.024	0.042
	2.75	80	0.046	0.082
		180	0.046	0.084

以上实验说明,该研究白油基钻井液与其他油基钻井液一样,滤饼黏附系数 k_f 都低。

3.2.4.4 沉降稳定性和电稳定性

配制密度为 2.50g/cm³ 的油基钻井液,然后在 80℃ 和 120℃ 下热滚 16h,测定热滚前后的电稳定性,并同时在 6h、12h、24h 时测定钻井液分层析出的水量,结果见表 3-2-21。

表 3-2-21 不同温度下油基钻井液的稳定性

钻井液体系	测试条件,℃	破乳电压, V	出水量		
			6h	12h	24h
油基钻井液	80	900	0	0	0
	180	850	0	0	0

由表 3-2-21 可知,油基钻井液的电稳定性都很好,其破乳电压在 850~1100V 之间。24h 且体系中析油量为 0,说明无分层现象。

将以上高温滚动后于在 180℃ 下静置不同时间,测定上部钻井液密度,结果见表 3-2-22。

表 3-2-22 油基钻井液高温稳定性实验

恒温前井浆密度, g/cm³	180℃恒温 48h 密度, g/cm³	180℃恒温 72h 密度, g/cm³
2.50	2.50	2.50

实验结果表明,该油基钻井液高温稳定性好,180℃ 下恒温 72h 密度无任何改变。

3.2.4.5 抗污染性能

在现场,油基钻井液在使用中不可避免地会遇到水侵、钻屑侵入的现象,为防止出现以上问题,需积极采取相应的措施。因此在实验室对上述污染情况进行模拟实验,以此来全面评价该油基钻井液的抗劣质土和抗水污染的性能。

(1)抗劣质土的性能。为考察油基钻井液抗钻屑侵污能力,在配制好的油基钻井液中加入不同量的劣质土(过 100 目),于 120℃ 下热滚 16h 后,分别测定其性能,用密度 2.20g/cm³ 的油基钻井液进行实验,结果见表 3-2-23。

由表 3-2-23 可以看出,所配制的油基钻井液具有良好的抗土污染的能力。在被劣质土污染后,油基钻井液的黏度和切力缓慢升高,破乳电压在下降,因此在现场操作中应加强固控措施。

表 3-2-23 劣质土对油基钻井液性能的影响

劣质土加量 %	测试 条件	AV mPa·s	PV mPa·s	YP Pa	Φ_6/Φ_3	破乳电压 V	API 滤失量 mL	HTHP 滤失量 mL
0	滚前	109	96	13	7/5.0	980	0	1.2
	滚后	112	98	14	7.5/6.5	1080	0	1.0
5	滚前	111	97	14	7/5.0	960	0	1.2
	滚后	119	102	17	8.0/6.5	1020	0	1.0
10	滚前	114	100	14	8.0/6.5	900	0.4	1.2
	滚后	122	109	13	7.5/6	940	0.4	1.2

（2）抗水污染的性能。为考察油基钻井液抗钻屑侵污能力，在配制好的油基钻井液中加入不同量的水，于 120℃ 下热滚 16h 后，分别测定其性能，结果见表 3-2-24。

表 3-2-24 水对油基钻井液性能的影响

水加量 %	测试 条件	AV mPa·s	PV mPa·s	YP Pa	Φ_6/Φ_3	破乳电压 V	API 滤失量 mL	HTHP 滤失量 mL
0	滚前	109	96	13	7/5.0	980	0	1.2
	滚后	112	98	14	7.5/6.5	1080	0	1.0
5	滚前	119	102	17	7/5.0	960	0	1.2
	滚后	125	110	15	8.0/6.5	1020	0	1.0
10	滚前	126	108	18	8.0/6.5	900	0.4	1.2
	滚后	138	119	19	7.5/6	940	0.4	1.2

从表 3-2-24 可以看出，随着水侵入量的增加，油基钻井液体系的黏度、切力变化不明显，但体系的滤失量却有所降低。与此同时，破乳电压基本保持稳定，但是水侵入量为 20% 时，乳化电压仍然大于 1000V，说明该体系具有很好的乳化稳定性。

3.2.4.6 抗温能力

温度对油基钻井液的稳定性具有很大的影响。温度升高，体系的流变性变差，滤失量升高，乳化稳定性下降。因此，通过测定不同温度下钻井液的性能来评价钻井液的抗高温能力，其实验数据见表 3-2-25。

表 3-2-25 油基钻井液的抗温能力

温度[①] ℃	AV mPa·s	PV mPa·s	YP Pa	API 滤失量 mL	HTHP 滤失量 mL	破乳电压 V
160	128	111	17	0	0.8	1080
170	132	118	14	0	0.8	1080
180	132	119	13	0	1.0	1080
190	147	131	16	0	1.0	1080
200	143	130	13	0.4	1.2	1020
210	145	130	15	0.6	1.4	1000
220	148	129	19	1.6	2.6	980

①热滚 16h。

从表 3-2-25 中可以看出，高温老化后油基钻井液体系的表观黏度、塑性黏度、动切力都略有升高。API 滤失量和 HTHP 滤失量随着老化温度的升高而明显增大；在 200℃ 以后，破乳电压随着老化温度的升高发生较为明显的降低，由此得出，实验室所配制的油基钻井液体系的抗高温能力在 220℃ 以上。

3.2.4.7 抑制能力

（1）膨胀性试验。用 OCMA 膨润土制成岩心，测定油基钻井液在 8h 的线膨胀量，结果见表 3-2-26。

表 3-2-26 油基钻井液膨润土岩心线膨胀率

钻井液体系	8h 线膨胀量，%
清水	46.2
超高密度油基钻井液	1.5
一代高性能水基钻井液	7.2
二代高性能水基钻井液	3.8

实验结果表明，油基钻井液其 8h 的线膨胀量为 1.5%，说明岩心膨胀率最低，在防止泥页岩膨胀方面具有较好的效果。

（2）滚动回收实验。用威 201-H1 井龙马溪组页岩做岩屑回收率实验，结果见表 3-2-27。

表 3-2-27 油基钻井液页岩回收率

钻井液体系	岩屑回收率，%
超高密度油基钻井液	97.2

实验结果表明，油基钻井液有高的岩屑回收率，在防止泥页岩分散方面拥有较强的效果。

3.3 水平段油层套管固井技术

渝西深层页岩气水平井相对国内其他区块页岩气埋藏更深、地质结构更为复杂，完全采用中浅层页岩气固井技术方案具有一定的局限性。针对渝西区块特点开发了弹性水泥浆体系与洗油冲洗隔离液，较好地适应了区块固井工作液的需求。通过管串结构优化、旋转下套管工艺和地面设备配套及集成应用提高顶替效率技术，形成了深层页岩气固井配套工艺。现场应用 4 井次，固井质量合格率达 90% 以上，压后无套变、环空无气窜，表面油层固井工艺技术满足了区块生产需求。

3.3.1 弹性水泥浆体系开发

3.3.1.1 体系简介

弹性水泥浆体系（Fieldbus Control System，简写为 FCS）混合物最少由两部分组成，也可以是三部分组成：KCM024 弹性材料——粗颗粒、波特兰水泥颗粒——中等颗粒，以及细颗粒 KCM025、KCM029。在混合物中弹性材料的含量主要影响凝固的水泥浆的弹性。

含量越高，凝固后的水泥石的弹性就越大。弹性材料的含量取决于水泥浆的密度范围。灵活性水泥浆包含能增加水泥浆灵活性的添加剂（KCM024）（也就是降低杨氏模量），它们也包含一种膨胀剂（KCM025）来阻止微环的产生。灵活性外加剂和膨胀剂的协同作用下当膨胀剂使水泥向内部扩张，当且仅当它比周围结构更有弹性，水泥与套管之间良好的胶结只有在这种情况下才能产生。因此包括灵活性和膨胀外加剂的水泥是水泥环长期耐久性最好的水泥系统。

FCS体系的关键性能是杨氏模量、泊松比、拉伸的力学性能、强度和压缩强度。在1449~210kg/m³密度范围内的密度设计按照如下原则进行设计：固体填充量（SFV）为55%~60%，其中10%BVOB的细颗粒、35%BVOB的水泥颗粒和55%BVOB的弹性材料颗粒。在其他密度范围，如1800~2040kg/m³密度范围内，加重材料必须加入混合物中用来补偿低密度的弹性材料的重量。SVF仍然保持在50%~60%范围内。弹性材料的含量必须按照要求进行调整。

3.3.1.2 主要性能及应用条件

使用温度：100~350.6℉（35~177℃）；使用密度：1.45~2.16g/cm³；流变性：177oC内可调；配浆水：淡水、海水、盐水；API失水：小于50mL；弹性模量比常规体系降低30%；水泥石耐温达350℃，养护14天强度大于14MPa；FCS与常规水泥浆体系杨氏模量对比，如图3-3-1所示。

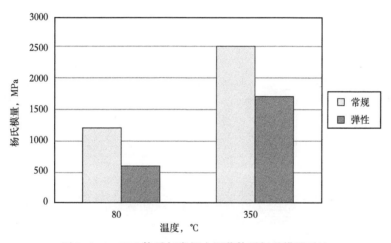

图3-3-1　FCS体系与常规水泥浆体系杨氏模量对比

3.3.1.3 防气窜水泥浆体系性能测试

测试结果见表3-3-1至表3-3-3。

表3-3-1　流变数据

领浆	流 变 数 据								PV mPa·s	YP Pa
	Φ_3	Φ_6	Φ_{100}	Φ_{200}	Φ_{300}	Φ_{600}	n	k		
室温	7	8	95	170	232	—	0.81	0.75	205.5	26.5
93℃	3	4	71	132	185	—	0.87	0.41	171	14

表 3-3-2　尾浆半大样稠化实验结果

序号	实　验	结果
1	半大样稠化实验（104℃×83MPa×50min）	180min

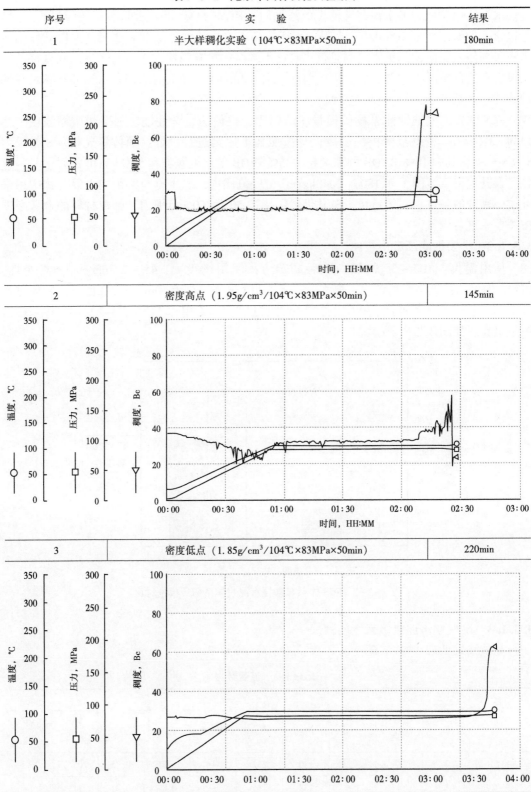

| 2 | 密度高点（1.95g/cm³/104℃×83MPa×50min） | 145min |
| 3 | 密度低点（1.85g/cm³/104℃×83MPa×50min） | 220min |

表 3-3-3　尾浆防气窜值

实验	API 失水量 mL	T （30Bc） min	T （100Bc） min	SPN 值
尾浆	40	174	175	1.68

3.3.2　洗油冲洗隔离液开发

洗油冲洗隔离液，主要是化学冲洗液为主，加入一定悬浮剂和加重剂形成洗油冲洗隔离液。化学冲洗液以一定量复配的表面活性剂体系为主剂。利用表面活性剂特有的润湿、渗透及乳化等特性，降低二界面张力，增强冲洗液对界面的润湿和冲洗作用，达到对套管和井壁残留的钻井液和胶凝物质的冲洗。

3.3.3　成管串方案优化

3.3.3.1　设计方法及步骤

先按抗挤强度自下而上进行设计，同时进行抗拉强度和抗压强度校核。当设计到抗拉强度或抗压强度不满足要求时，选择比上一段高一级的套管，改为抗拉强度或抗内压强度设计，并进行抗挤压强度校核，一直到满足设计要求为止。

（1）确定第一段套管的钢级和壁厚。

计算套管鞋处的有效外挤压力 p_{ce1}，并根据 $p_{ce1} \geqslant S_c p_{ce1}$ 的原则，选择第一段套管的钢级和壁厚，用前述套管强度公式计算或查出套管强度，列出套管性能参数表。

（2）确定第一套管的下入长度 L_1

参照石油天然气行业标准 SY/T 5724—2008《套管柱结构与强度设计》，第一段套管下入的长度 L_1 取决于第二段套管下入深度 H_2，因此，第二段套管应选比第一段套管强度低一级的。第二段套管的下入深度 H_2 用下式确定：

$$H_2 = \frac{-b + \sqrt{b^2 - 4ac}}{2a} \qquad (3\text{-}3\text{-}1)$$

其中：
$$a = C_1^2 + C_1 C_2 + C_3^2$$
$$b = C_1 C_2 + 2C_2 C_3$$
$$c = C_2^2 - 1$$
$$C_1 = \frac{G_{ce} S_c}{p_{co2}}$$
$$C_2 = \frac{0.00981 q_1 H_1 k_f}{T_{y2}}$$
$$C_3 = \frac{9.81 \times 10^{-6} (1 - k_m) \rho_{min} A_2 - 0.00981 q_1 k_f}{T_{y2}}$$

式中，H_2 为第二段套管下深，m；G_{ce} 为套管有效外压力梯度，MPa/m；S_c 为规定的抗挤系数；p_{co2} 为第二段套管抗挤强度，MPa；q_1 为设计段以下第一段套管单位长度质量，kg/m；H_1 为第一段套管下深，m；k_f 为浮力系数；T_{y2} 为第二段套管屈服强度，kN；k_m 为掏空系数 （$k_m = 0\text{-}1$），1 表示全掏空；ρ_{min} 下次钻井最小钻井液密度，g/cm³；A_2 为第二段套管内截面积，mm²；a，b，c 为系数。

第一段套管的下入长度 L_1 为：

$$L_1 = H_1 - H_2 \qquad (3-3-2)$$

（3）对第一段套管顶部进行抗内压强度校核。

根据三轴抗内压公式计算出第一段套管顶部的三轴抗内压强度及有效内压力 p_{ce1}，则第一段套管的抗内压安全系数为：

$$S_{i1} = \frac{p_{ba1}}{p_{be1}} \qquad (3-3-3)$$

式中，S_{i1} 为第一段套管抗内压系数；S_i 为规定的抗内压系数；p_{ba1} 为第一段套管抗内压强度，MPa；p_{be1} 为第一段套管有效内压力，MPa。

如果 $S_{i1} > S_i$，则满足要求，否则选择高一级的套管改为抗拉设计。

（4）对第一段套管顶部进行抗拉强度校核。

按前述三轴抗拉强度公式计算出第一段套管顶部的三轴抗拉强度 T_{a1} 及有效拉力 T_{e1}，则第一段套管抗拉安全系数：

$$S_{t1} = T_{a1} / T_{e1} \qquad (3-3-4)$$

式中，S_{t1} 为第一段套管抗拉系数；T_{a1} 为第一段套管三轴抗拉强度，kN；T_{e1} 为第一段套管有效轴向力，kN；S_t 为规定的抗拉系数。

如果 $S_{t1} \geqslant S_t$，则满足要求，按上述步骤继续设计第二段、第三段，直到设计井深为止。按上述抗挤设计到第 n 段套管时，如果抗拉强度或抗内压强度不满足，则应选用高一级的套管，改为抗拉强度设计该段套管。

（5）按套管抗拉强度计算该段套管的下入长度 L_{on}。

（6）计算三轴应力下该段套管的下入长度 L_{an}。

计算出 L_{on} 和 L_{an} 后，如果 $\left| \dfrac{L_{an} - L_{on}}{L_{an}} \right| \leqslant 0.01$ 则 $L_n = L_{an}$，否则重复上述计算，直到 $\left| \dfrac{L_{an} - L_{on}}{L_{an}} \right| \leqslant 0.01$ 为止。然后进行该段套管抗内压和抗挤强度校核，直到满足设计井深为止。

3.3.3.2 管串优化

深层页岩气大压差固井工艺技术需求，施工泵压超高，对用于该井的固井工具附件性能要求较高，对于工具附件的可靠性提出了更高的要求。管串上采用 2 只不同结构浮箍，反向承压能力不低于 50Pa。其弹浮式浮箍结构如图 3-3-2 所示，阀在弹簧和反向回压的共同作用下上行，关闭过流通道，防止水泥浆倒返，实现防回压功能。

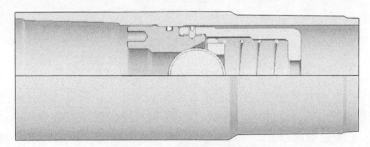

图 3-3-2　弹浮式浮箍结构

3.3.3.3 扶正器优化

通过在渝西区块不断探索实践，基本形成了扶正器安放模式，扶正器安放建议及下套管时力的计算见表3-3-4。

表3-3-4 扶正器安放建议及下套管时力的计算

名称	安放井段 m	安放间距	数量	套管最小居中度 %	扶正器位置套管居中度 %	套管平均居中度 %
φ210mm 整体式刚性扶正器	0~1750.00	1只/10根	17	80.1	87.0	82.8
φ210mm 整体式刚性扶正器	1750~4023.54	1只/5根	43	0	87.0	66.7
φ208mm 螺旋大倒角刚性扶正器	4023.54~4535.00	1只/1根	50	0	85.1	42.6
φ205mm 滚珠扶正器	4535.00~6034.58	1只/1根	143	0	72.2	38.6

模拟得到：直井段套管平均居中度为73.0%，裸眼段平均居中度为39.7%。共需 φ210mm 整体式刚性扶正器 60 只，φ208mm 螺旋大倒角刚性扶正器 50 只，φ205mm 滚珠扶正器 143 只。考虑附加量，实际准备 φ210mm 整体式刚性扶正器 63 只，φ208mm 螺旋大倒角刚性扶正器 53 只，φ205mm 滚珠扶正器 152 只。

3.3.4 顶驱旋转下套管固井技术

页岩气水平井完钻后的井眼经常出现许多问题，如水平段长、井眼弯曲、出现台肩、页岩剥落、沉砂掉块等，所有这些问题都有可能导致套管无法正常下到井底。在常规下套管作业中，循环、套管旋转、提放等工作是无法同时进行的，这使得页岩气水平井下套管后半段适应性差，部分井不能顺利下到井底。

顶驱下套管系统是一种安装在顶驱系统上，集机械、液压控制于一体，通过其驱动机构实现夹持机构与套管的松开或夹紧，在顶驱转矩及提升载荷的作用下，完成套管上卸扣、上提、下放、旋转等操作的系统。系统本身具有自密封机构，能够实现与被夹持套管的内部密封。

顶驱下套管系统分为内卡式和外卡式2种。内卡式是将顶部驱动工具的心轴插入套管本体内，与套管内壁卡紧或密封。内卡式顶驱下套管系统是将顶部驱动工具与顶驱连接在一起，实现吊起套管、扶正套管、上卸扣、提放、旋转、下压套管柱、灌浆、循环等功能，集成动力大钳、吊卡、循环灌浆器、机械扶正手、上扣补偿器等工具功能于一体具有在以下几方面的优势：

（1）可以快速上卸扣，精确控制上扣转矩，避免套管螺纹损伤。

（2）可以在灌浆和循环功能之间切换而不必重 新设置调整工具。

（3）高排量的循环能力。

（4）套管下入过程中可以上提、下放、旋转甚至下压套管柱，有效地避免套管遇阻、压差卡套管等井下复杂情况的发生。

（5）设备集成化、自动化程度高，配合转盘安装式卡瓦使用，全程无须打背钳，大幅减轻了作业人员劳动强度。

（6）可配套使用集成安全联锁系统，大幅提高了下套管作业的安全性。

（7）顶驱下套管系统主要由顶部驱动工具、转盘安装式卡瓦、远程控制式单根吊卡、控制系统、转矩监测系统、液压动力系统、电源系统和服务管线等一系列设备系统构成。

3.3.5 高泵压地面配套技术

常规固井施工压力一般在 25MPa 以下。随着页岩气勘探与开发，对固井要求越来越高。固井工艺逐渐改进，同时对固井设备的高要求也日渐显现，尤其是油层套管固井时高或超高压顶替低密度完井液，更是需要设备的高性能与高稳定性。施工设备配套要有效利用固井施工设备，既保障安全情况又降低了运行成本。渝西区块油层固井均采用清水（低密度盐水）作为顶替液，施工泵压高达 50MPa，对固井施工设备要求特别高，运用水马力进行设备配套，满足高压固井施工，形成了高压固井施工设备配套技术。

3.3.5.1 固井设备基本性能

国内现有常用固井设备主要有 GJC44-21、GJC70-30、GJC100-26；压裂设备主要有 YLC1650、YLC2000、YLC2500，并对典型的设备进行了筛选。固井设备基本性能参数见表 3-3-5。

表 3-3-5　固井设备基本性能参数

设备编号	设备型号	最高压力，MPa	最大排量，L/min	最大水马力，hp
1	GJC44-21	44	2100	335
2	GJC70-30	70	2942	700
3	GJC100-26	97.6	2642	720
4	YLC2000	105	2463	2000

3.3.5.2 柱塞泵的工作特性

根据有关资料显示：柱塞泵设计采用的间隙工作周期及使用模式，柱塞泵在 90%~100% 额定工作压力下工作，工作时间不超过总工作时间的 5%；柱塞泵在 80%~90% 额定工作压力下工作，工作时间不超过总工作时间的 25%（图 3-3-3）。

柱塞泵长时间工作，柱塞泵平均工作水马力不超过泵最大工作水马力的 45%，柱塞泵最大工作压力不超过最大连杆推力（Maximum Rod Load）下工作压力的 45%，柱塞泵排量不超过最大排量的 80%（图 3-3-4）。

3.3.5.3 水马力配套

（1）固井施工设计。

根据三种井身结构的固井设计，计算施工各阶段的预测压力和需要的水马力，水马力（hp）= 排量（m³/min）× 压力（MPa）× 22.34，施工方案需要注水钻井液压力为 20~35MPa，水马力为 600~1100hp；顶替完井液压力为 35~55MPa，水马力为 1100~1800hp。

（2）设备水马力计算。

柱塞泵一般有 5~8 个工作档位，通常情况下固井和压裂设备所使用的发动机最高工作转速为 1800~2100r/min。为保证设备正常运行，液力传动箱在短时间的换挡操作后，必须在闭锁工况下运行，所以发动机实际工作转速为 1500~2100r/min。在变速箱闭锁工况

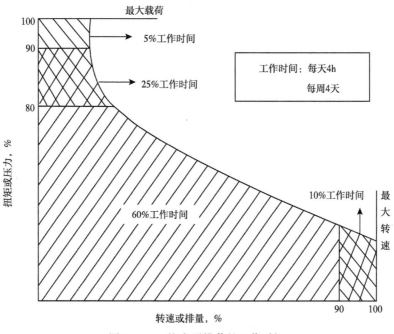

图 3-3-3　柱塞泵推荐的工作时间

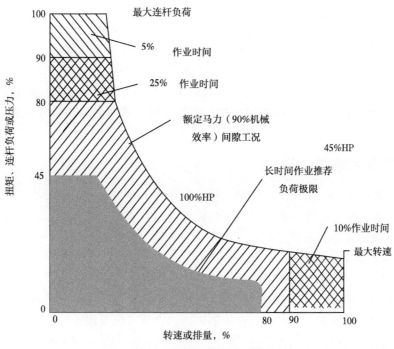

图 3-3-4　柱塞泵推荐的工作负荷

下，柱塞泵在 2~5 档时，可以适当降低排量来提高额定工作压力，略微提高设备在高压力下的工作能力。根据各设备在各挡位工作最高压力与排量计算出在不同压力下能输出的最大水马力。

如图 3-3-5 所示，GJC44-21 额定压力和水马力均低，高压 32MPa 时输出最大水马力只有 200hp 左右，显然不适合超高压施工。GJC70-30 与 GJC100-26 最大工作压力与输出最大水马力基本相同，高压下输出最大水马力为 670~720hp。YLC2000 在高压下输出水马力能达 2000hp。

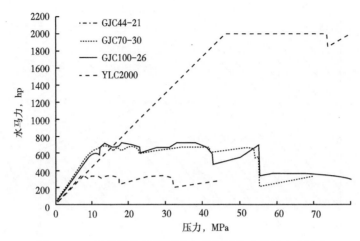

图 3-3-5　固井设备在不同压力条件下输出的最大水马力

（3）施工设备配套。

固井施工中注水泥浆过程压力高，是顶替低密度完井液时由于静液柱压力差大造成施工压力很高。一般施工总时间不超过 3h，兼顾成本和场地限制，采用工作负荷超过 60% 或压力超过 80% 的工作时间不超过 5min 原则进行固井施工设备配置。

2 台×GJC7030（或 GJC100-26）+1 台×YLC2000，采用 2 台×GJC7030（或 GJC100-26）注水钻井液，压力在 42MPa 以内最大输出水马力为 1300~1440hp；采用 1 台 YLC2000 顶替完井液+2 台 GJC7030（或 GJC100-26）备用顶替完井液，顶替压力为 35~55MPa，最大输出水马力为 2000hp。

3.3.6　顶替效率综合配套技术

钻井液顶替对提高水平井固井质量是非常重要的。在页岩气水平井中，由于存在套管偏心、井眼下部沉砂等问题，高密度、高黏度油基钻井液等因素制约页岩气水泥浆高效顶替，因此钻井液的顶替效率成为页岩气水平井固井最为关键的问题之一。

（1）页岩气水平井顶替效率。

国外 Haliburton 等固井公司对提高大斜度水平井固井成功率进行了一系列实验，提出了提高钻井液顶替效率的措施。归纳起来有以下几个方面：优化钻井液性能，控制循环洗井时间，保证套管良好居中，调节好冲洗隔离液，合理匹配井眼和套管尺寸。

（2）扶正器选型优化与安放。

与轴向流顶替方式相比，螺旋流顶替更能有效提高顶替效率。螺旋运动方式能实现顶替界面平缓，并且，顶替液通过螺旋流运动，其周向分量可以将窄间隙的被顶替液携带出来而进入宽间隙，在轴向驱替的联动作用下，实现替净。螺旋流运动增加了主流对壁面的接触时间，利于清除两界面附着的虚滤饼。实现螺旋流可采用两种方式：一是轴向顶替的同时旋转套管；二是使用旋流扶正器。

（3）注替排量优化。

环空返速决定着液体的流态，影响流速分布，与顶替效率密切相关。经典流体力学理论研究表明，随着流体流速增加，其流态将逐步从塞流转变为层流，并最终过渡为紊流。塞流转变为层流的标志是流速剖面发生较明显变化，速度梯度增大，流核缩小。塞流的雷诺数一般在60~100，平缓的流速剖面有利于提高顶替效率，但较小的壁面剪切应力不利于清除井壁虚滤饼及长期未参与循环的"死钻井液"。当流速进一步增大，层流失去稳定性，形成紊流漩涡，脱离原来的流层或流束，冲入临近的流层或流束，流速分布及压力分布表现出明显的扰动，出现了类似脉冲波动现象，流态正式转变为紊流。漩涡的形成要以两个物理现象为基本前提，其中一个是流体具有黏性。在各流层的相对运动中，由于流体的黏性作用，在相邻各层的流体间会产生切应力。对于某一选定流层而言，流速高的一层施加于其上的切应力与流动方向相同；流速低的一层施加于其上的切应力，与流动方向相反。因此，该流层所承受的切应力，有构成力矩并从而促成漩涡产生的趋向。促成漩涡产生的另一个物理现象是流层的波动。假如在流动中，由于某种原因，使流层受到微小扰动后，产生了流层的轻微波动，在波动凸起一边，将由于微小流束的过流截面积减小，而造成流速增大；反之，在凹入的一边，将由于微小流速的过流断面增大，而导致流速降低。流速高处，压力低；流速低处，压力高。这样，便使发生波动的流层由于局部速度改变而承受了附加的横向力作用。显然，受横向力作用作用后，流动波动会加剧。若此情况继续存在，上述附加横向力与切应力的综合作用将促成漩涡产生。套管偏心条件下流速分布见表3-3-6。在套管偏心度为0.3的条件下，由于环空间隙不同，宽窄间隙处流速分布不同，宽间隙处平均流速约为窄间隙处平均流速的4倍左右。

表3-3-6　套管偏心条件下流速分布

平均返速，m/s	0.5	0.75	1	1.25	1.5	1.75	2.0
宽间隙平均流速，m/s	0.790	1.185	1.579	1.977	2.369	2.764	3.160
窄间隙平均流速，m/s	0.176	0.264	0.352	0.441	0.529	0.617	0.705

偏心套管顶替效率计算结果如图3-3-5所示。数值模拟结果表明，当顶替速度 v 由0.5m/s逐步上升到2m/s后，壁面剪切应力增加，有助于清除壁面虚滤饼，顶替效率有了较明显提高。特别是当流速超过1.25m/s后，顶替液进入高速层流阶段，接近紊流状态，顶替效率骤然大幅度提高。因此，建议在机泵能力及地层承压能力允许条件下，采用大排量施工，保证环空返速在1.25m/s以上，在215.9mm井眼下139.7mm折算成施工排量为1.5~2m^3、168.3mm井眼下127mm折算成施工排量为0.9~1.2m^3。

（4）冲洗隔离液用量。

隔离液在注替过程中其径向冲击力与井壁、套管壁的滤饼发生质量交换，冲刷井壁、套管壁；纵向流动力与钻井液发生质量交换必然造成接触掺混，根据前置液在井筒内中被污染的总体积之和为前置液的最小用量来计算。隔离液用量应保证有效隔离钻井液与水泥浆、缓冲水泥浆窜入钻井液、清洗固井二界面。通过数值模拟可以发现，随着冲洗时间增加，界面清洗率与顶替效率都有较明显改善，冲洗时间达到10min以后，界面清洗率与顶替效率达到最高值（表3-3-7、图3-3-7、图3-3-8）。因此，对高密度隔离液而言，建议设计用量时考虑10min以上接触时间，施工排量在2m^{3}左右，折算成体积为20m^3，若考虑混浆附加50%需要隔离液体积30m^3。

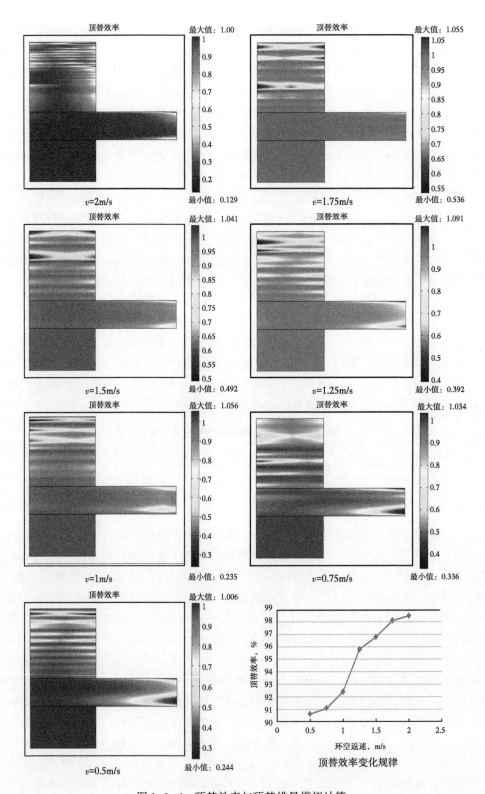

图 3-3-6　顶替效率与顶替排量模拟计算

表 3-3-7　冲洗时间与顶替效率、界面清洗率关系

冲洗时间，min	1	2	3	4	5	6	7	8	9	10
界面清洗率，%	91.03	96.21	98.20	99.15	99.58	99.58	99.58	99.58	99.58	99.58
顶替效率，%	98.09	99.39	99.55	99.58	99.60	99.81	99.91	99.96	99.98	99.99

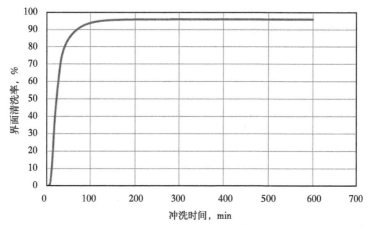

图 3-3-7　冲洗时间与界面清洗率关系

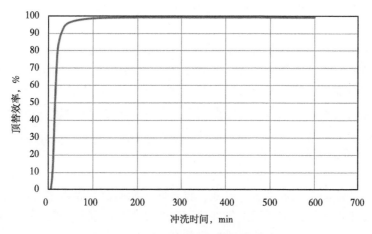

图 3-3-8　冲洗时间与顶替效率的关系

3.3.6.1　全井筒清水预应力固井技术

为提高页岩气水平井水泥环的均匀性与井筒密封完整性，页岩气水平井固井均采用清水作为顶替液，起到漂浮顶替与预应力固井双作用。

（1）漂浮顶替技术。

为减轻套管柱重量，保证环空偏心井况下的优质封固，采用低密度液体作为顶替液，设计使用清水作顶替介质。通过尾浆开始在环空上返时的密度差使下部套管在浮力的作用下有一个向上的漂浮趋势，以增大水平段水泥浆对套管的浮力，减小套管的偏心程度，提高套管居中度，提高顶替效率，从而保证水泥环的均匀封固。

（2）管内外大压差预应力固井技术。

微间隙一般情况下是封油不封气，所以在高压气井开采过程中，由于微间隙的存在会

导致气体的管外窜。理论表明，只要套管与水泥和环之间的间隙大于 0.02cm 就会严重影响到电测声幅质量。同时由于微间隙的出现，导致后期在套管附近形成一条连续或不连续的气窜通道，使气体窜入水泥孔隙中，发生环空带压现象，或者其酸性气体对水泥环和套管的腐蚀将降低套管强度，严重影响到后期油气井的开采作业。因此，固井作业过程中应该注意到微间隙的存在，并尽量降低微间隙出现的可能，保证固井过程、固井候凝和电测固井质量期间管内外压差变化不大。

水泥环初始应力状态：

①水泥石体积收缩，则第二界面处接触应力等于地层孔隙压力。

②水泥石体积变化率为 0，则第二界面处接触应力等于地层最小水平主应力。

③水泥石体积膨胀，则水泥环初始应力等于固井施工时管内压力、水泥环膨胀应力（附加接触应力上）和水平地应力联合作用下的应力值。

为解决微环隙问题，固井施工中在水泥石收缩之前就给予套管一个受挤压的预应力，而待水泥石收缩后，根据作用力与反作用力的原理，套管弹性条件范围内就会试图恢复原状态，产生向外的挤压力，该力迫使套管恢复形变来弥补水泥环收缩时留下的微裂缝，始终保证水泥环与套管间的紧密接触，保持套管与水泥环之间的封隔效果，从而提高电测固井质量。在气井固井时，采用高密度（相对而言）水泥浆和低密度（如清水或轻质钻井液等）液体作为顶替液，使其在替浆结束后，套管环空相比管内形成较大的液柱差；同时在保证套管安全条件下，候凝期间在环空憋一定高压，而管内敞压候凝，这样使套管内外形成较大的负压差，对套管产生一个向内的挤压应力，套管在弹性变形范围内向内挤压，就形成了预应力。固井作业后，如果水泥发生收缩时套管就会因弹性变形而试图恢复初始状态，从而保持与水泥环的紧密结合，形成较好的胶结质量。基于此原理，页岩气井预应力固井时，采用全部采用低密度顶替液，并在施工结束后环空憋压增大管内外负压差，减小后期作业引起的套管收缩变形，降低后期作业对水泥环整体密封性能破坏，达到消除微环隙的目的。

3.3.6.2 地面配套施工工艺技术

页岩气井采用了全井筒清水顶替预应力固井技术并使用大排量施工，管内外静液压差及摩阻压耗大，造成高泵压，见表 3-3-8，页岩气井油层套管固井泵压高达 55MPa，为保证施工排量及施工连续性，常规天然气井地面配套设备难以满足施工要求。施工前需要合理安排泵注设备，并对地面高压管线进行优化。

表 3-3-8　页岩气井施工最高泵压

井号	管内摩阻 MPa	环空摩阻 MPa	静液压差 MPa	管线摩阻 MPa	碰压附加 MPa	最高施工泵压，MPa
宁 H2-4 井	2.4	6.7	25.2	2.8	3	54
宁 201-H1	1.4	6.1	27.3	3.9	3	41.6

（1）泵注系统优化。

针对页岩气井油层套管固井高标准的各项要求，固井水泥车采用 70-30 型固井水泥车。70-30 型固井水泥车是在卡车上装有两台卧式三缸单作用柱塞泵的注水泥浆设备（表3-3-9）。柱塞泵由车上两台 CAT 3406C 柴油机驱动。该设备配有自制水泥浆的混浆系统，具有自动混浆及二次混浆功能。整车设备操作由电路系统、液压系统、气压系统及机械传动系统来实现，均集中在控制台上，由一人完成，操作方便可靠，自动化程度高。该车设有低压密度计，固井时能准确地测出水泥浆的瞬时密度值，以保证固井质量。

表 3-3-9 70-30 型固井水泥车柱塞泵性能参数

档位	发动机转速 r/min	冲次 min⁻¹	3.5in 柱塞泵		4.0in 柱塞泵	
			理论排量 L/min	最高压力 MPa	理论排量 L/min	最高压力 MPa
I	2100	60	169	70	221	55
II		130	368	42	480	33
III		239	676	23	883	18
IV		319	904	17	1180	13
V	2070	450	1274	12	1665	9

油层套管固井时，要顶替低密度的完井液，顶替时出现高压 50~60MPa 和高的水马力，现有 70-30 型固井水泥车难以满足，因此，需要压裂车辅助完成。基于施工水马力要求等级选择 HQ1050 型或 HQ2000 型压裂车（表 3-3-10）。

表 3-3-10 HQ2000 型压裂车工况参数

变矩器档位	1	2	3	4	5	6	7
锁定状态总传动比	23.67	16.98	13.89	11.17	9.98	8.02	6.313
发动机额定转速，r/min	1900	1900	1900	1900	1900	1900	1900
泵冲数，min⁻¹	80.3	111.9	136.8	170.0	190.5	237.0	301.0
泵排量，m³/min	0.48	0.67	0.82	1.02	1.14	1.43	1.81
最高工作压力，MPa	103.4	103.4	103.4	92.71	80.38	66.1	53.04
输出水功率，hp	1090	1522	1853	2000	2000	2000	2000

（2）地面高压管汇改进。

固井用高压管汇活接头有两种，既贯通式活接头与整体式活接头（图 3-3-9），前者接头处为螺纹连接，高压下存在脱扣风险，所以统一使用整体式活接头的 105MPa 高压管汇，并引进美国 105MPa 高压水泥头。

a. 改装前贯通式活接头　　　　　　　b. 改装后整体式活接头

图 3-3-9　活接头改进

4 渝西地区深层页岩储层改造技术

渝西区块五峰组—龙马溪组页岩层 4500m 以浅可工作有利区面积 4235km²，其中 4000～4500m 可工作区域占比达 72%。实钻显示区域储层总体特征为岩石非常致密、天然裂缝欠发育、层理不发育、温度高、地应力高、水平应力差大。对于该类储层，压裂裂缝扩展机理尚不明确、压裂施工难度大，且难以形成复杂缝网，影响页岩储层有效动用。

本章针对深层页岩气井应力差大（≥18MPa）、施工压力大、破裂压力高等难题，重点运用相场法裂缝扩展模型、复杂裂缝导流能力优化模型等技术手段，结合室内和矿场试验，形成适应重庆地区深层页岩气体积压裂改造技术，推动了深层页岩气勘探开发进程。

4.1 体积压裂主控因素

4.1.1 深层页岩裂缝扩展机理和规律研究

4.1.1.1 单条水力裂缝扩展规律

（1）模型设置。

模型设置示意图如图 4-1-1 所示，其中 S_{max}，S_{min} 分别为最大原地水平主应力、最小原地水平主应力。

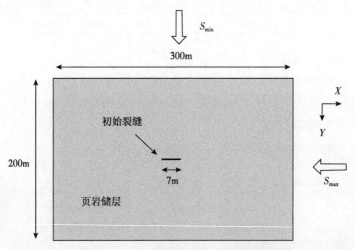

图 4-1-1 单裂缝扩展模型设置示意图

模型所使用的基准参数见表 4-1-1。在研究不同参数的影响时，只改变所研究参数的数值，其余参数保持基准参数不变。

（2）岩石力学参数对裂缝扩展的影响。

如图 4-1-2 所示，随着杨氏模量的增加，裂缝的长度逐渐增加，裂缝流体压力逐渐减小，但差异不大。

表 4-1-1　基准输入参数表

参数	数值	参数	数值
水平主应力差，MPa	18	地层压力，MPa	72
地层渗透率，mD	0.01	地层杨氏模量，MPa	20000
地层孔隙度，%	3	地层泊松比	0.35
压裂液黏度，mPa·s	10	注入排量，m³/min	5

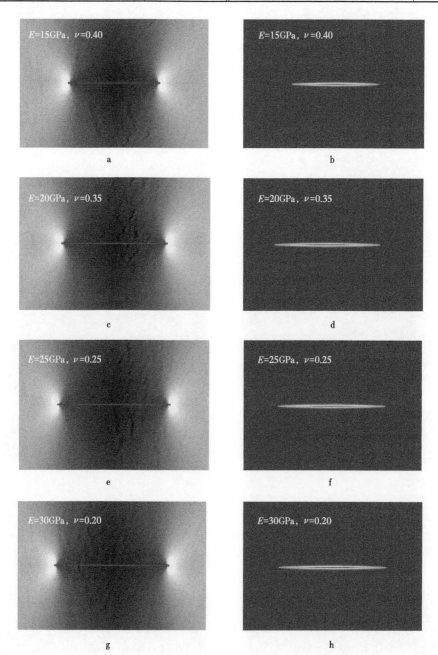

图 4-1-2　不同杨氏模量 E 和泊松比下的 Y 方向有效应力 S_y 云图（a，c，e，g）、
流体压力 p 云图（b，d，f，h）

（3）压裂液黏度对裂缝扩展的影响。

如图4-1-3所示，裂缝的长度随着压裂液黏度的增加而增加，缝口压力也表现出相同

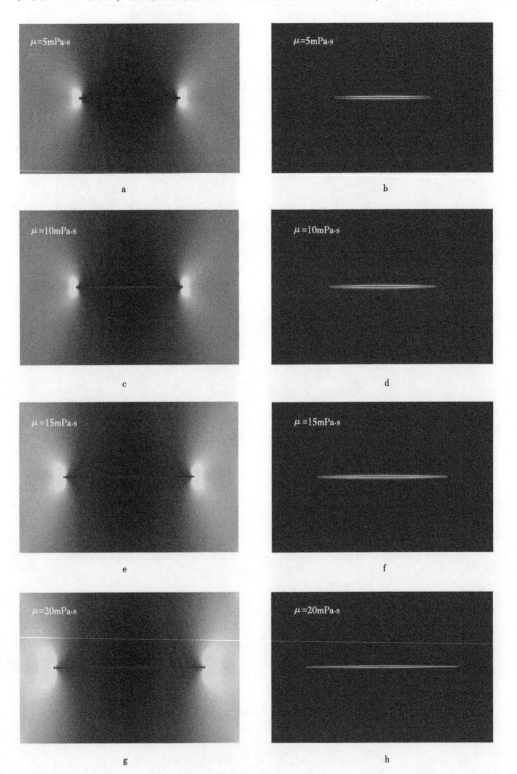

图4-1-3　不同黏度 μ 条件下的 Y 方向有效应力云图（a, c, e, g）、流体压力云图（b, d, f, h）

的规律。由于黏度升高，单位裂缝长度内的流体压降增加，高黏压裂液需要较高缝口压力才能使缝尖达到扩展所需的能量。

（4）施工排量对裂缝扩展的影响

如图 4-1-4 所示，裂缝的长度随着施工排量的增加而增长，缝口压力也表现出相同的规律。

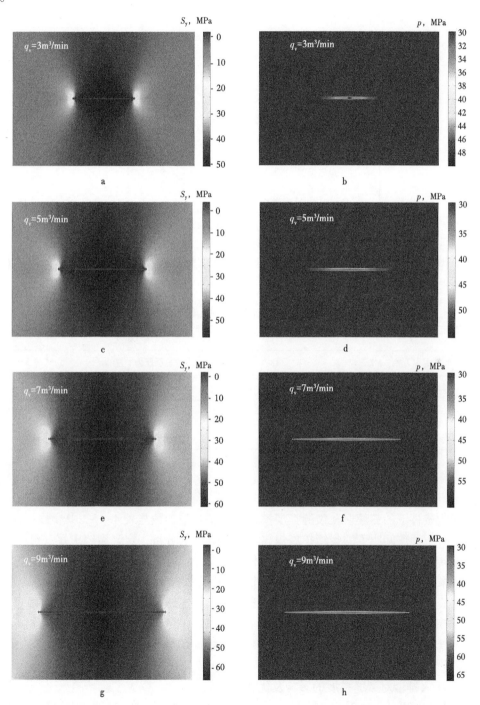

图 4-1-4　不同排量 q_v 条件下的 Y 方向有效应力云图（a，c，e，g）、流体压力云图（b，d，f，h）

4.1.1.2 多缝扩展规律

（1）模型设置。

模型设置示意图如 4-1-5 所示。

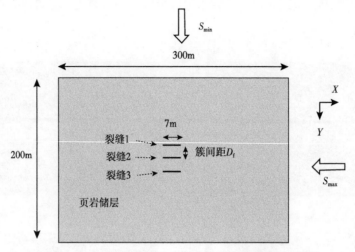

图 4-1-5　页岩储层段内三簇射孔压裂模型设置示意图

模型输入基准参数见表 4-1-2。在研究不同参数的影响时，只改变所研究参数的数值，其余参数保持基准参数值不变。

表 4-1-2　页岩储层段内三簇射孔压裂模型输入参数

参数	数值	参数	数值
水平主应力差，MPa	18	地层压力，MPa	72
地层渗透率，mD	0.01	地层杨氏模量，MPa	20000
地层孔隙度，%	3	地层泊松比	0.35
压裂液黏度，mPa·s	10	注入排量，m³/min	15

（2）簇间距对裂缝扩展的影响及优化。

为了研究射孔簇间距对裂缝扩展的影响，建立了 10m、20m、30m、40m 和 50m 五种不同簇间距条件下的三簇射孔裂缝扩展模型，模型其他参数与表 4-1-2 中参数一致。

为了对不同簇间距下的裂缝扩展规律进行更具体的分析，定义裂缝末端（缝尖）位置与开始偏转点的连线与 X 方向的夹角为整体转角度 γ；定义裂缝末端的扩展方向与 X 方向的夹角为末端转向角 θ，将每个簇间距条件下的边部裂缝形态绘制在图 4-1-6 中。

定义缝长比为边部裂缝与中部裂缝长度比值，可用于描述裂缝均匀程度。根据前面分析发现，簇间距为 10~50m，边部裂缝形态为"U"字形，从紧凑变开阔；当簇间距为 20m 时，缝长比近于 1，裂缝扩展更均匀，利于中间裂缝深入储层；根据裂缝几何形态，15~20m 为合理簇间距。

（3）注入排量对裂缝扩展的影响及优化。

设置簇间距为 15m，建立 12m³/min、15m³/min 和 18m³/min 三种注入排量的裂缝扩展模型，分析施工排量的变化对裂缝扩展的影响（图 4-1-7 至图 4-1-8）。

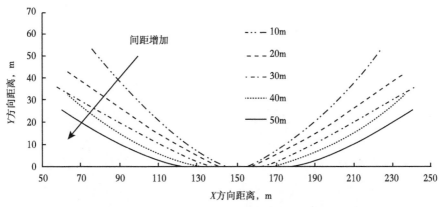

图 4-1-6 不同簇间距下边部裂缝的几何形态对比

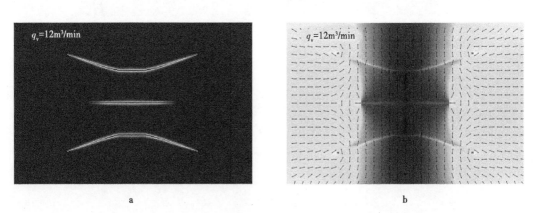

图 4-1-7 12m³/min 注入排量条件下的（a）流体压力分布云图
和（b）最大水平主应力（最大压应力）云图

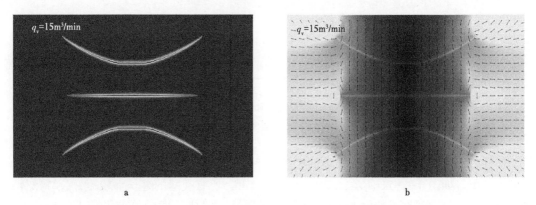

图 4-1-8 15m³/min 注入排量条件下的（a）流体压力分布云图
和（b）最大水平主应力（最大压应力）云图

通过结果对比，发现调整注入排量对裂缝形态的改变有较为明显的作用。12m³/min 排量下，所有裂缝的缝长都较短，裂缝整体控制区域较小，且中间裂缝的缝长明显短于边部裂缝，裂缝长度的均匀性较差。18m³/min 排量下，所有裂缝的长度都较大，但裂缝长度均匀性较差，中间裂缝长度过长，边部裂缝转向较强，削弱了边部裂缝向原地最大主应力方向延伸的能力，且增加了边部裂缝与中间裂缝间的未改造区域面积。15m³/min条件下，裂缝均匀程度较高，中间裂缝长度与边部裂缝长度相近且长度较长，边部裂缝转向适中，能够得到较大的泄气面积。因此，在15m簇间距条件下，15m³/min的注入排量更优。

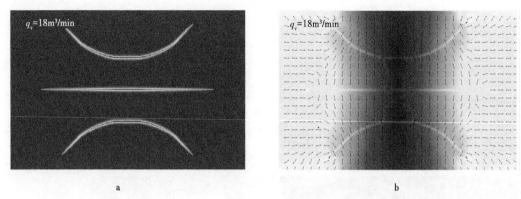

图4-1-9　18m³/min 注入排量条件下的（a）流体压力分布云图
和（b）最大水平主应力（最大压应力）云图

15m 簇间距在不同注入排量条件下的边部裂缝形态如图 4-1-10 所示。随着排量从12m³/min 增加到 18m³/min，边部裂缝从开阔的"U"字形向紧凑的"U"字形变化，裂缝末端位置距离初始裂缝的垂直距离（裂缝末端在图 4-1-10 中的纵坐标）逐渐从 20m 增加到 42m，裂缝整体形态更加趋于弯曲。

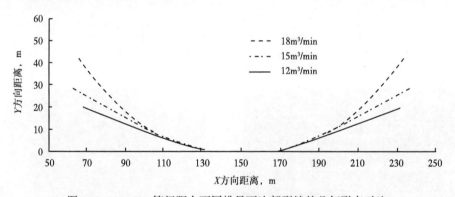

图4-1-10　15m簇间距在不同排量下边部裂缝的几何形态对比

根据以上分析可以发现，15m 簇间距条件下，调整注入排量对裂缝形态的改变有较为明显的作用。如图 4-1-11 所示，12m³/min 排量下，所有裂缝的缝长都较短，裂缝整体控制区域较小，且中间裂缝的缝长明显短于边部裂缝，裂缝长度的均匀性较差。15m³/min条件下，裂缝均匀程度较高，中间裂缝长度与边部裂缝长度相近且长度较长，边部裂缝转向适中，能够得到较大的泄气面积。18m³/min 排量下，所有裂缝的长度都较大，但裂缝长度均匀程度下降，边部裂缝转向较强，削弱了边部裂缝向原地最大主应力方向延伸的能力，且增加了边部裂缝与中间裂缝间的未改造区域面积。因此，在15m 簇间距条件下，15m³/min 的注入排量更优。

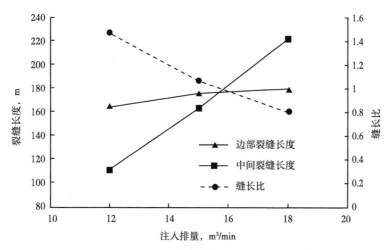

图 4-1-11　15m 簇间距条件下裂缝长度与缝长比随注入排量变化曲线

4.1.1.3　水力裂缝在非均质地层中扩展规律

（1）模型设置。

建立 300m×200m（X 方向 300m，Y 方向 200m）的页岩储层模型，储层中有一条在 Y 方向贯穿储层的非均质带。模型设置示意图如图 4-1-12 所示。最大原地主应力设置在 X 方向上，最小原地主应力设置在 Y 方向上。一条 50m 长的初始裂缝放置在模型的正中央，方向沿 X 方向，即初始裂缝的方向与最大主应力方向相同。非均质带的宽度为 25m，在 Y 方向上穿透储层。初始裂缝的右边尖端距离非均质带 10m。非均质带两边的主页岩储层具有相同的力学性质。模型的边界为固定位移边界。

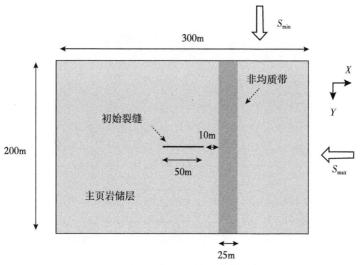

图 4-1-12　非均质储层裂缝扩展模型示意图

（2）低平主应力差条件的裂缝扩展规律。

分别在低（5Ma）、中（10Ma）、高（15Ma）三种水平主应力差条件下，研究了杨氏模量比 E_R（条带杨氏模量/储层杨氏模量）分别为 2.5、3.0、4.0、5.0 和 6.0 情况下的裂缝扩展规律。

为了对非均质条带地层中水力裂缝分叉扩展进行定量分析，定义偏转距离 L_d 和再入角这两个概念来对水力裂缝分叉现象进行更具体的描述。如图 4-1-13 所示，偏转距离指再入点 φ（裂缝从非均质条带重新进入主页岩储层的位置）到初始水力裂缝扩展路径延长线的距离。再入角指再入点处的水力裂缝扩展方向与 X 方向的夹角。

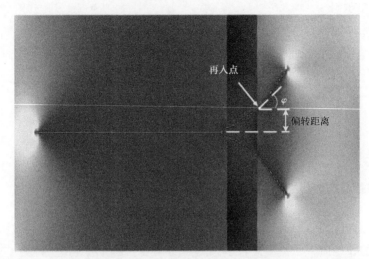

图 4-1-13　偏转距离和再入角示意图

通过模拟对比发现，水平主应力的各向异性越弱、储层的非均质性越强，水力裂缝就越容易发生分叉现象，裂缝偏转距离和再入角就越大，即就越容易生成复杂几何形态裂缝，且裂缝控制区域越大（图 4-1-14、图 4-1-15）。

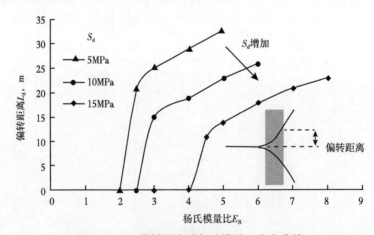

图 4-1-14　偏转距离随杨氏模量比变化曲线

4.1.1.4　水力裂缝与单条天然裂缝交互扩展规律

（1）模型设置。

模型设置如图 4-1-16 所示，其中 α 为逼近角。

结合 Z2-2 井和 Z2-3 井地应力测试结果，模型的最小原地水平主应力 S_{min} 为 80MPa，最大原地水平主应力 S_{max} 为 100MPa。地层为各向同性，渗透率为 0.009mD，孔隙度为

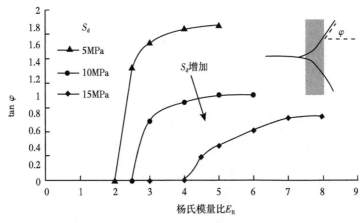

图 4-1-15　tanφ 随杨氏模量比变化曲线

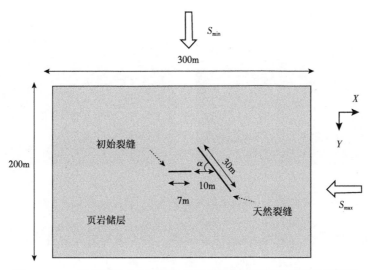

图 4-1-16　页岩储层水力裂缝与单条天然裂缝交互扩展模型示意图

3.5%，地层压力为 72MPa。页岩杨氏模量为 20000MPa，泊松比为 0.35。模拟的单簇注入流量为 5m³/min，压裂液黏度为 10mPa·s。模型所使用的基准参数见表 4-1-3。在研究不同参数的影响时，只改变所研究参数的数值，其余参数保持基准参数值不变。

表 4-1-3　页岩储层水力裂缝与单条天然裂缝交互模型输入参数

参数	数值	参数	数值
水平主应力差，MPa	18	地层压力，MPa	72
地层孔隙度，%	3	地层杨氏模量，MPa	20000
地层渗透率，mD	0.009	地层泊松比	0.35
压裂液黏度，mPa·s	10	tanα	1
单簇注入排量，m³/min	5		

（2）逼近角（α）对裂缝交互扩展规律的影响。

为了研究逼近角对水力裂缝和天然裂缝交互扩展的影响，建立了 $\tan\alpha=0.5$、1.0、2.0 和 3.0 四种逼近角条件下的水力裂缝和单条天然裂缝交互扩展模型，图 4-1-17 为不同逼近角条件下的初始裂缝和天然裂缝形态示意图。

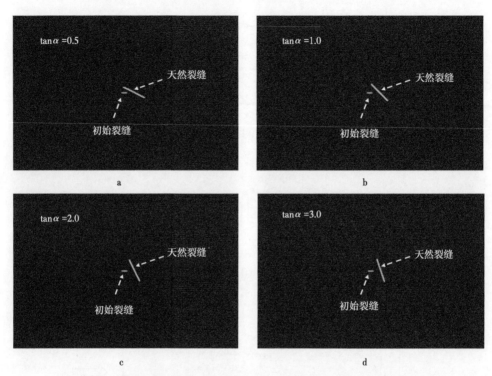

图 4-1-17　不同逼近角条件下的储层中的初始裂缝和天然裂缝形态示意图

在 $\tan\alpha=0.5$ 时，水力裂缝接触天然裂缝后，使天然裂缝开启并扩展。当水力裂缝在天然裂缝中的扩展超过其原有长度时，右端缝开始扩展，并在左端缝和原始天然裂缝产生的应力干扰下，出现往 X 方向的轻微转向，转向后几乎沿直线扩展。左端缝在右端缝产生的应力干扰下轻微向上偏转。在扩展的后期，由于天然裂缝内压力升高，上端缝尖能量达到扩展条件，开始起裂，并沿 Y 轴方向扩展。在各个裂缝尖端的前方区域，最大主应力方向指向裂缝扩展方向，其他区域的最大主应力偏向于裂缝壁面的法线方向，说明水力裂缝对原地应力产生较大的干扰。

在 $\tan\alpha=1.0$ 时，水力裂缝接触天然裂缝后，使天然裂缝开启并扩展。当水力裂缝在天然裂缝中的扩展超过其原有长度时，右端缝开始扩展，并在左端缝和原始天然裂缝产生的应力干扰下，出现往右方的轻微转向。但随着右端缝的不断延伸，其受到左端缝的应力干扰减小，裂缝开始向下方转向。上端的天然裂缝缝尖起裂后，受到左端水力裂缝的应力排斥，开始向右方出现轻微偏转，扩展一定距离后，左端裂缝对其排斥作用减弱，在右端裂缝的应力干扰下，开始向 Y 方向偏转。由于上端裂缝起裂较早，左端裂缝受其干扰，轻微向下方偏转。

$\tan\alpha=2.0$ 和 $\tan\alpha=3.0$ 的情况，裂缝的整体扩展趋势与 $\tan\alpha=1.0$ 的情况相似。区别在于，随着逼近角的增大，上端裂缝整体与最大水平主应力方向的夹角减小，右端裂缝整体与最大水平主应力方向的夹角增大。

(3) 注入排量对裂缝交互扩展规律的影响。

在 $3m^3/min$ 排量条件下，缝长整体较短（图 4-1-18a）。右端裂缝在起裂后，轻微向右方转向，裂缝产生的应力干扰弱，右端裂缝保持转向后的初始方向直线扩展。上端裂缝在起裂后，受到左端裂缝产生的应力排斥作用，轻微向右方转向；上端裂缝长度较短。左端裂缝起裂后先保持直线扩展，由于上端裂缝较短，在右端裂缝的干扰下，左端裂缝在扩展后期轻微向上偏转。

对于 $5m^3/min$ 排量条件，水力裂缝整体比 $3m^3/min$ 排量下更长（图 4-1-18b）。右端裂缝起裂后轻微向右方转向，扩展一定距离后开始向下方转向。上方裂缝起裂后开始向右方转向，扩展一定距离后，左端裂缝对其干扰作用减弱，上方裂缝在后期向 Y 方向转向。左端裂缝前期保持初始方向直线扩展，在后期由于上方裂缝的应力干扰，左端裂缝轻微向下方偏转。

注入排量为 $7m^3/min$ 和 $9m^3/min$ 的情况，水力裂缝的整体长度随排量的增加而明显增加；水力裂缝各条分支扩展的整体趋势与 $5m^3/min$ 相似（图 4-1-18c、d）。右端裂缝在扩展后期向 Y 方向的转向程度随排量的增加而加剧；上端裂缝和左端裂缝的转向在两种排量下几乎相同。

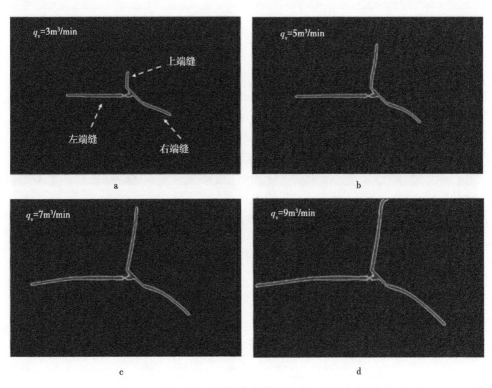

图 4-1-18　不同施工排量条件下条件下的相场云图

(4) 压裂液粘度对裂缝交互扩展规律的影响。

在 $5mPa \cdot s$ 黏度的情况，右端裂缝在起裂后轻微向右方转向（图 4-1-19a）。由于黏度低，靠近缝口位置的裂缝内压力小，产生的应力干扰小，右端裂缝保持起裂后的方向进行直线扩展。上端裂缝在起裂后在左端裂缝的应力干扰下，向右方轻微转向，并保持该方向进行直线扩展。左端裂缝在起裂后，由于上端和右端裂缝对其影响较为均衡，保持直线扩展。

在10mPa·s、15mPa·s和20mPa·s黏度的情况，其水力裂缝展布和转向规律较为相似（图4-1-19b至d）。右端裂缝在起裂后均向右方轻微转向，并在扩展一定距离后在上端裂缝造成的应力干扰下开始向下方逐渐转向。上端裂缝起裂后向右方偏转的程度随着黏度的增大而增大，后期都向Y方向发生偏转，且向Y方向的偏转程度随着黏度的增大而增大。左端裂缝在起裂后的一段时间均保持直线扩展，在扩展的后期由于上端裂缝的应力干扰，开始向下方偏转，且随着黏度的增加，偏转程度逐渐增加。

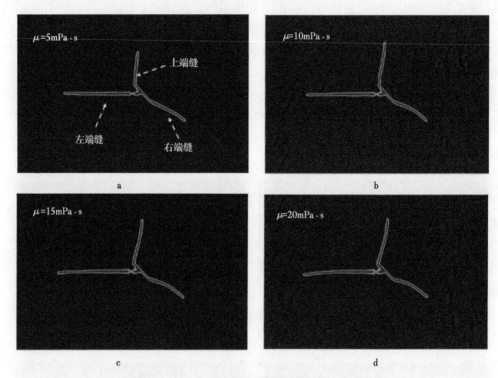

图4-1-19　不同压裂液黏度条件下的相场云图

4.1.1.5　水力裂缝与多天然裂缝交互扩展规律

（1）模型设置。

模型设置如图4-1-20所示。

模型的输入参数见表4-1-4。

表4-1-4　裂缝性页岩储层水力裂缝扩展模型输入参数

参数	数值	参数	数值
水平主应力差，MPa	13、18	地层压力，MPa	72
地层孔隙度，%	3	地层杨氏模量，MPa	20000
地层渗透率，mD	0.009	地层泊松比	0.3
压裂液黏度，mPa·s	10	$\tan\alpha$	1
注入排量，m³/min	12、15		

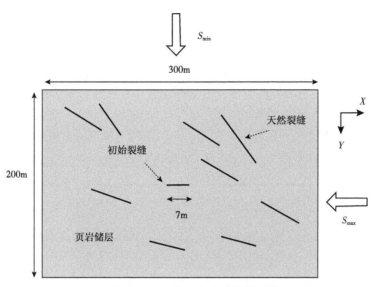

图 4-1-20　裂缝性页岩储层水力裂缝扩展模型示意图

小逼近角裂缝性储层模型中的天然裂缝采用蒙特卡洛方法随机生成。天然裂缝长度平均值为 25m，方差 5m；天然裂缝与最大主应力方向夹角 α 为 45°（$\tan\alpha = 1$），方位角方差 10°，总数量 100 条。天然裂缝分布如图 4-1-21 所示。

（2）模拟结果。

13MPa 水平主应力差下，裂缝长宽比为 2.26，裂缝带面积为 18480m²；18MPa 水平主应力差条件下，裂缝长宽比为 3.12，裂缝带面积为 20425m²，改造面积比

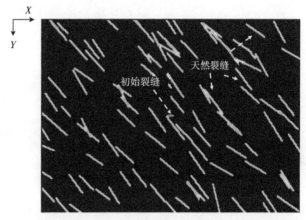

图 4-1-21　裂缝性页岩储层小逼近角天然裂缝和初始水力裂缝分布图

12m³/min 提高了 37.8%~57.9%，表明排量和应力差对改造体积的影响较大见表 4-1-5。

表 4-1-5　小逼近角裂缝性储层在 5m³/min 排量下不同水平主应力差下裂缝网络几何参数

参数	应力差 13MPa		应力差 18MPa	
	排量 12m³/min	排量 15m³/min	排量 12m³/min	排量 15m³/min
长度，m	215	195	240	195
宽度，m	95	60	77	60
长宽比	2.26	3.25	3.12	3.25
裂缝带面积，m²	20425	11700	18480	11700

4.1.2 改造体积的主控因素

4.1.2.1 复杂缝网支撑裂缝参数优化研究

（1）页岩储层压裂地质模型。

根据 Z2-2-H1 井页岩储集性能及含气情况，区块开发程度较低，可以建立无限大地层中一口压裂井的模型，设置模型长度为 3000m，宽度为 1000m，纵向上针对单一改造层段而言，改造层段内贯穿，单层厚度设置为 35m。该地质模型将复杂裂缝体系等价为高渗透带，植入地层中，如图 4-1-22、图 4-1-23 所示。

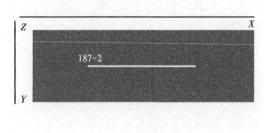

图 4-1-22　Eclipse 压裂优化地质模型

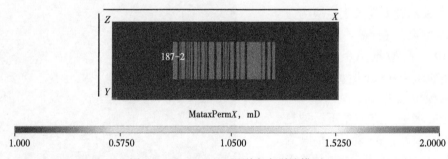

图 4-1-23　Eclipse 压裂水力裂缝模型

（2）页岩支撑裂缝参数优化。

① 裂缝半长优化。

根据实际的水平井压裂段数及簇数，模拟不同裂缝半长（120m、160m、200m、240m、280m、320m、360m）的生产情况，模拟时间 3 年。裂缝半长与累计产气量曲线如图 4-1-24 所示，第 3 年累计产气量变化曲线如图 4-1-25 所示。

产量随裂缝半长增加而增大，当裂缝半长大于 240m 时，随着裂缝半长的增加，累计产气量递增减缓，因此综合考虑推荐最优裂缝半长为 240m。

② 裂缝导流能力优化。

根据实际的水平井压裂段数及簇数，裂缝半长为 240m，模拟不同高渗透带渗透率（1mD、2mD、3mD、4mD、5mD、6mD）的生产情况，模拟时间 3 年。累计产气量曲线随时间变化如图 4-1-26 所示，第 3 年累计产气量曲线对比如图 4-1-27 所示。

从上述结果来看，在不同高渗透带渗透率时，压裂后累计产气量随生产时间增加而增大，到达一定生产时间后累计产量趋于稳步上升。当导流能力小于 2D·cm 时，累计产气

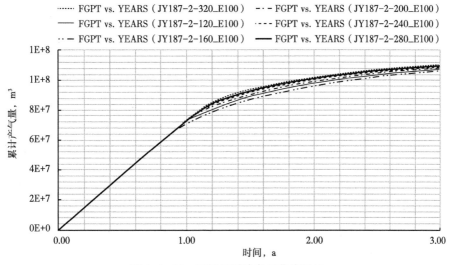

图 4-1-24　时间与累计产量曲线对比

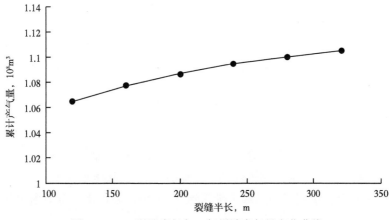

图 4-1-25　裂缝半长与 3 年累计产气量变化曲线

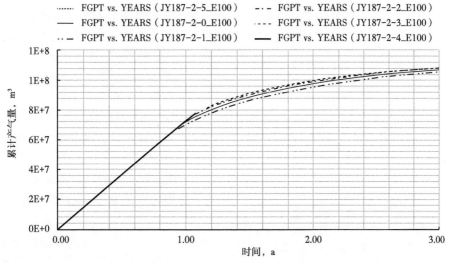

图 4-1-26　时间与累计产量曲线

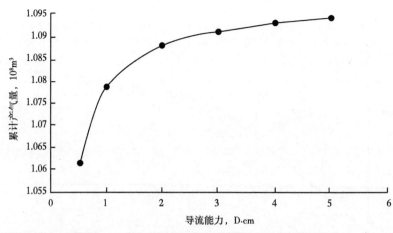

图 4-1-27　导流能力与第 3 年累计产气量变化曲线

量随渗透率的增加而较快增长；当导流能力大于 2D·cm 后，累计产气量增幅较小。故最佳导流能力优化为 2D·cm。

（3）页岩复杂裂缝导流能力优化研究。

①等效裂缝导流能力优化。

根据等效后高渗带平均渗透率模型，得到裂缝体积与裂缝渗透率关系式：

$$V_f = \frac{V\ (\bar{K} - K_m)}{K_f - K_m}\tag{4-1-1}$$

式中，V_f 为裂缝体积，m^3；V 为裂缝体积和基质体积之和，m^3；$\bar{K}$ 为改造区平均渗透率，m^3；K 为平均渗透率，mD；K_f 为裂缝渗透率，mD；K_m 为基质渗透率，mD。

根据式（4-1-1），得到了在高渗透带渗透率为 2mD 条件下，等效裂缝体积与等效裂缝渗透率之间的关系曲线如图 4-1-28 所示。

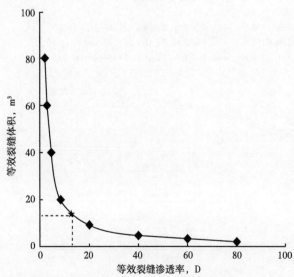

图 4-1-28　等效裂缝体积随等效裂缝渗透率变化曲线

根据图 4-1-28 结果，等效裂缝体积随等效裂缝渗透率变化曲线存在明显的拐点。在拐点右方，在小范围降低等效裂缝体积时，等效裂缝渗透率急剧增加，大幅增加现场工艺加砂难度；在拐点左方，在小范围降低等效裂缝渗透率时，所需等效裂缝体积急剧增加，大幅增加现场工艺造缝难度。为了最大限度地取得加砂与造缝之间的平衡，经济最优，优化等效裂缝渗透率为 13.07D 左右，等效裂缝体积为 13.07m³ 左右。

因此根据最优的等效裂缝长度和高度，可以计算得到等效裂缝最优宽度为 1.45mm，从而计算出等效裂缝最优导流能力为 1.89D·cm。

②主次裂缝导流能力优化。

假设页岩储层压后缝网系统中只存在主裂缝和一级次裂缝，且一条主裂缝对应 α 条一级次裂缝。

主裂缝与次裂缝之间的关系：

$$F_{if1}^{l} = \frac{F_{f} \cdot F_{mf}}{2\alpha F_{mf} - \alpha F_{f}} \qquad (4-1-2)$$

式中，α 为次裂缝与主裂缝数量比值；F_{f}、F_{mf}、F_{if1}^{l} 分别为等效裂缝、主裂缝、一级次裂缝导流能力，D·cm；

根据上述模型，得到主裂缝与次裂缝的导流能力关系结果如图 4-1-29 所示。

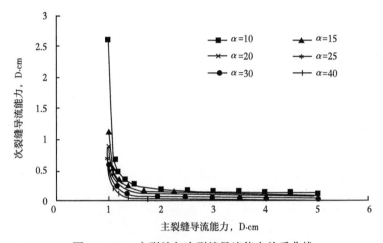

图 4-1-29　主裂缝与次裂缝导流能力关系曲线

从结果来看，拐点处主裂缝导流能力几乎一致，其值为 1.25D·cm 左右，而次裂缝导流能力随着主裂缝导流能力的增加而降低，在 20:1 条件下，次裂缝导流能力为 0.19D·cm。

4.1.2.2　自支撑裂缝导流能力影响分析

利用深层页岩岩心，采用人工剖缝方式形成不同类型的张剪裂缝，优化自研的自支撑裂缝导流能力测试装置，测试地层条件下压裂形成的自支撑裂缝的导流能力，实验方案见表 4-1-6。

表 4-1-6　自支撑裂缝导流能力实验方案

编号	处理液	测试流体	支撑剂类型	滑移量，mm
4	15%HCl	2%KCl	自支撑	2.54
5	滑溜水	2%KCl	自支撑	2.54

导流测试结果显示，随着闭合应力增加，自支撑裂缝导流能力均不断降低。当闭合应力小于 10.35MPa 时，导流能力下降十分迅速，而当闭合应力大于 10.35MPa 之后，导流能力下降变缓。

当滑移量为 2.54mm 时，两组平行实验得到的导流能力在低闭合应力下差异较为明显，但在高闭合应力下非常接近，并且普遍偏低。分析产生此现象的原因是在低闭合应力下粗糙表面破坏较大而导流能力相对较小。在高闭合应力下，其大多数支撑点均已经被压碎，导流能力受粗糙度的影响相对减弱。

4.1.2.3 页岩不同浓度支撑剂支撑裂缝导流能力分析

页岩在不同浓度支撑剂支撑裂缝导流能力分析实验方案见表4-1-7。

表4-1-7 短期导流能力测试实验方案

序号	支撑剂类型	支撑剂粒径目	测试介质	铺砂浓度 kg/m²	闭合压力 MPa	温度 ℃
1	覆膜陶粒	40/70	清水	3	6.9~90	20
2	覆膜陶粒	70/140	清水	3	6.9~90	20
3	低密陶粒	30/50	清水	2	6.9~90	20
4	低密陶粒	40/70	清水	3	6.9~90	20
5	低密陶粒	70/140	清水	3	6.9~90	20

（1）支撑剂支撑裂缝导流能力影响分析。

支撑剂支撑裂缝导流能力评价显示，同等条件下，覆膜陶粒导流能力略低于低密陶粒导流能力，大粒径支撑剂导流能力高于小粒径支撑剂。

（2）岩板夹砂支撑裂缝导流能力影响分析

岩板夹砂支撑裂缝导流能力实验方案见表4-1-8。

表4-1-8 岩板支撑裂缝导流能力实验方案

岩心号	预处理液体	测试流体	支撑剂类型	铺砂浓度, kg/cm²
1号	滑溜水	2%KCl	30/50目陶粒	2
2号	滑溜水	2%KCl	40/70目陶粒	3
3号	滑溜水	2%KCl	70/140目陶粒	3

根据实验数据发现不同浓度、不同粒径支撑剂对岩板加砂导流能力实验具有明显影响。滑溜水处理的岩板与酸液处理的岩板导流能力逐渐接近，最后几乎趋于一致。对于不同粒径支撑剂，大粒径的支撑剂在低闭合压力下，支撑剂间的孔隙更大，因而30/50目支撑剂有较高的导流能力；但在高闭合压力时，支撑剂发生破碎及嵌入，支撑剂填充层流体通道变小，30/50目支撑剂导流能力迅速降低且低于40/70目和70/140目支撑剂的导流能力（图4-1-30）。铺砂浓度对于导流能体提升效果显著。

（3）支撑裂缝导流能力影响分析。

如图4-1-31所示，岩板加砂导流能力实验测得的导流能力明显低于钢板加砂导流能力实验，其原因是支撑剂发生了嵌入，降低了导流能力。

4.1.2.4 缝网高效支撑工艺研究

通过前面对裂缝导流能力的测试和优化分析可以看出，渝西地区深层页岩气储层自支撑裂缝和70/140目支撑剂能够满足二级次裂缝导流能力的要求，30/50目和40/70目支撑剂导流能力能够满足主裂缝导流能力的要求。因此，在压裂设计中应注重产生剪切裂缝的产生，并优化增加支撑剂的用量。采用主裂缝+次裂缝的二级裂缝有效支撑技术。

对缝网的主裂缝、次裂缝采用不同的支撑方式，提出二级裂缝有效支撑技术。

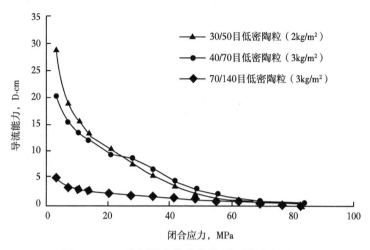

图 4-1-30 岩板导流能力曲线图（滑溜水处理）

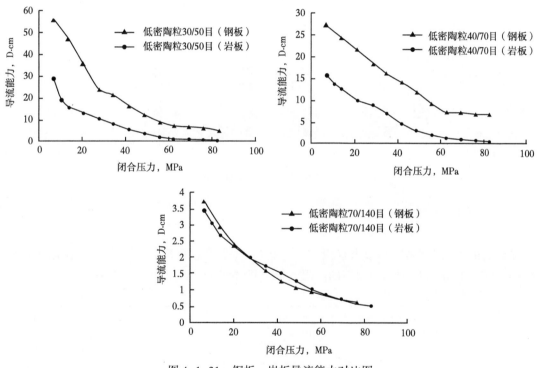

图 4-1-31 钢板、岩板导流能力对比图

（1）主裂缝：远井筒主裂缝采用 40/70 目陶粒支撑剂，近井筒主裂缝采用 30/50 目和 40/70 目陶粒支撑剂。

（2）次裂缝：采用 70/140 目陶粒支撑剂及自支撑剂，以 70/140 目陶粒作为主要支撑手段。

（3）自支撑裂缝在很长时期也能有效支撑次级裂缝，压裂过程中也应注重产生大量的自支撑裂缝。

4.2 新型压裂液体系

4.2.1 深层滑溜水体系配方优选

4.2.1.1 降阻剂优选

目前，滑溜水压裂现场使用的降阻剂有聚丙烯酰胺剂和乳剂两种剂型产品。聚丙烯酰胺剂产品成本低、便于运输，但一般溶解速度较慢；乳剂产品拥有溶解速度快、便于现场混配等优点，但成本略高，合成工艺较复杂。线型高分子链的伸展长度正比于其相对分子质量的大小，即相对分子质量大者其分子伸展时的长度也大。相对分子质量对降阻剂的使用效果影响极为明显，相对分子质量增加，降阻性能提高。鉴于渝西区块大排量、灵活施工要求，主要着眼于开发速溶性能好，施工要求低的乳液型降阻剂产品。为此，优选了四种降阻剂，并分别从快速增黏性能、增稠性能及耐高温性能进行实验评价（图4-2-1）。

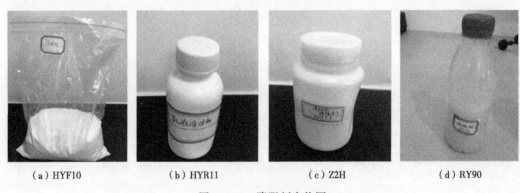

(a) HYF10   (b) HYR11   (c) Z2H   (d) RY90

图 4-2-1　降阻剂实物图

（1）快速增黏性能。

滑溜水压裂时，施工排量一般为 $10\sim15m^3/min$，目前渝西地区按平均井深5500m、注入排量 $13m^3/min$、$5\frac{1}{2}in$ 套管内容积 $12m^3/1000m$（套管总容积 $66m^3$）计算，降阻剂的溶解速度应在 2.5min 以内起到较好的降阻效果（图4-2-2）。

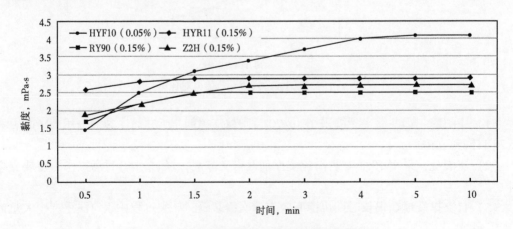

图 4-2-2　降阻剂快速增黏性能测试结果

实验测试结果表明，所评价降阻剂具有良好的快速增黏性。粉状降阻剂浓度为0.06%时，在4min内可达到最大黏度，即3.2mPa·s；HYR11乳液型降阻剂浓度为0.15%时，在30s内可达到最大黏度的90%，1min内可达最大黏度2.9mPa·s。

（2）增稠性能。

实验测试结果表明，随降阻剂浓度增大，溶液黏度不断增大，所评价的四种降阻剂均表现出良好的增稠性能。粉状降阻剂浓度为0.04%时，溶液黏度即达到2.2mPa·s；HYR11乳液型降阻剂浓度为0.075%时，溶液黏度达到2mPa·s；Z2H降阻剂浓度为0.1%时，溶液黏度达到2.0mPa·s（图4-2-3）。现场可根据不同储层条件、不同工艺要求，调整降阻剂加量。

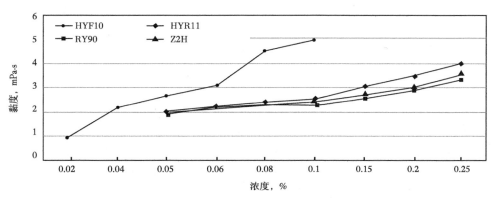

图4-2-3　不同降阻剂增稠性能测试结果

（3）耐高温性能。

实验结果表明，所测前三种降阻剂溶液经150℃、48h老化后，增黏性能仍较好，黏度保持率普遍在90%以上，具有良好的耐温性，见表4-2-1。

表4-2-1　降阻剂溶液老化前后黏度变化

测试条件	0.8%HYF10，mPa·s	2%HYR11乳液，mPa·s	2%Z2H乳液，mPa·s	2%RY90，mPa·s
老化前	42~50	30~36	27~34	18~23
老化后	37~45	25~33	24~32	9~12

4.2.1.2　助排剂（表面活性剂）优选

基于助排剂理论研究和工程实际应用现状，通过广泛调研，项目筛选了微乳液助排剂ME-2、表面活性助排剂ZX、有机硅助排剂BD-3078、氟碳型助排剂FO1、氟碳型助排剂1157、助排剂FS-51，开展了相关性能测试实验和优选，实物图见4-2-4。

a. ME-2　　b. ZX　　c. BD-3078　　d. FO1　　e. FC-1157　　f. FS-51

图4-2-4　助排剂实物图

（1）最低表面张力值及临界胶束浓度。

表4-2-2为不同助排剂临界胶束浓度（CMC）和最低表面张力值。可以看出，氟碳型表面活性剂（FO1、FC-1157及FS-51）最低表面张力较小，在16~18mN/m之间，助排剂FC-1157和FS-51的临界胶束浓度较小，具有良好的表面活性。

表4-2-2 不同助排剂CMC及最低表面张力值

序号	助排剂	CMC，%	最低表面张力，mN/m
1	ME-2	0.08~0.10	21.70
2	ZX	0.075~0.10	21.32
3	BD-3078	0.025~0.010	21.49
4	FO1	0.20~0.30	17.9
5	FC-1157	0.040~0.050	16.59
6	FS-51	0.020~0.035	16.33

（2）耐温性。

耐温性研究结果表明，除微乳液ME-2助排剂外，其他种类助排剂均具有良好的耐温性能，经140℃高温老化48h后，表面张力基本不变（图4-2-5）。根据评价结果，0.1%ZX助排剂表面张力在25mN/m以内，可以满足项目研发指标要求。

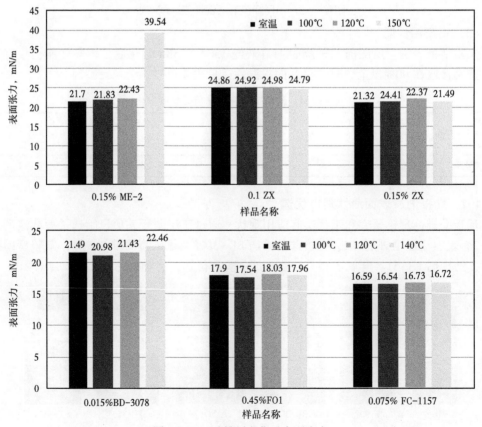

图4-2-5 助排剂老化后表面张力

130

（3）耐盐性。

表 4-2-3 为不同助排剂溶液在 0～100000mg/L 矿化度区间的表面张力。结果表明，随溶液矿化度不断增大，不同助排剂表面张力没有出现明显的变化，均有良好的耐盐性能。

表 4-2-3　不同助排剂在不同矿化度下的表面张力　　　　　单位：mN/m

序号	助排剂	矿化度，mg/L							
		0	5000	10000	20000	40000	60000	80000	100000
1	0.15% ME-2	21.70	21.45	22.03	21.98	22.43	21.65	21.70	21.62
2	0.15% ZX	21.32	21.06	22.35	22.47	21.98	21.54	21.96	21.08
3	0.015% BD-3078	21.49	22.06	23.01	21.07	21.45	22.56	20.43	21.56
4	0.45% FO1	17.9	18.21	18.56	17.21	17.56	17.99	18.78	18.21
5	0.075% FC-1157	16.59	16.43	16.89	16.73	16.55	16.98	17.01	16.54
6	0.53% FS-51	16.33	16.21	16.04	16.56	17.33	17.21	15.65	15.74

（4）润湿性。

利用 0.2% 助排剂溶液修饰页岩薄片表面，分析页岩岩心薄片的润湿性变化，实验结果见表 4-2-4。研究表明，氟碳型助排剂和表面活性剂 ZX 具有显著的修饰页岩表面润湿性作用，可将页岩表面由亲水性转变为中性润湿。

页岩薄片未经处理时的三次接触角平均值为 11.17°，页岩薄片经氟碳型助排剂（FO1、FS-51、FC-1157）浸泡后，接触角发生明显变化，FO1 溶液将页岩—清水接触角增大至 84.90°，0.10%ZX 溶液可将页岩—清水接触角增大至 70.4°。

表 4-2-4　试液处理后页岩表面的接触角

序号	试液	接触角，（°）			
		第一次	第二次	第三次	平均值
1	清水	11.3	9.4	12.8	11.17
2	0.20% FO1	88.6	80.5	85.6	84.90
3	0.20% FS-51	27.1	21.3	20.2	22.87
4	0.20% FC-1157	57.5	61.6	67.0	62.03
5	0.20% ZX	77.7	73.0	70.3	73.67
6	0.20% ME-2	51.9	63.9	56.7	57.50
7	0.20% BD-3078	6.6	8.8	9.1	8.17

综合分析上述实验结果可以看出，筛选的六种助排剂溶液中，含氟助排剂 FO1 评价效果最好，其具有较低的表面张力和较好的修饰页岩表面润湿性作用，但其临界胶束浓度较大，现场应用中需要较大的加量，使用成本较高。

除氟碳表面活性剂外，表面活性剂 ZX 综合性能较好，具有较低的表面张力和临界胶束浓度，且可修饰页岩表面为中性润湿，岩心自吸液量较少，易被返排，且综合使用成本较低。因此，选取 0.1%ZX 作为压裂液体系的助排剂。

4.2.1.3　防膨剂优选

防膨剂的主要作用是防止产层中黏土矿物遇水膨胀或微粒运移引起渗透率下降。选取了 3 种黏土抑制剂进行筛选，如图 4-2-6 所示。

a. 防膨剂1　　　　　　　b. 防膨剂2　　　　　　　c. 防膨剂3

图 4-2-6　防膨剂实物图

防膨率计算公式：

$$B_2 = \frac{H_2 - H_1}{H_2 - H_0} \times 100\% \qquad (4-2-1)$$

式中，B_2 为防膨率，%；H_2 为岩心在实验用水中的膨胀高度，mm；H_1 为岩心在黏土稳定剂溶液中的膨胀高度，mm；H_0 为岩心在煤油中的膨胀高度，mm。

图 4-2-7 为不同防膨剂溶液和清水在压力 5.0MPa、温度 130℃条件下的钠膨润土模拟岩心膨胀量对比曲线。研究表明，与清水膨胀曲线相比，0.3%防膨剂溶液表现出一定的抑制钠膨润土膨胀性能，明显地抑制了钠膨润土快速水化膨胀的趋势。其中，防膨剂 1 的抑制性能最好，钠膨润土与试液接触 55h 后，位移膨胀量仅为 3.755mm，且位移膨胀量曲线有趋于平缓的趋势。

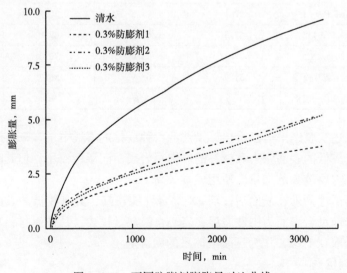

图 4-2-7　不同防膨剂膨胀量对比曲线

图 4-2-8 为防膨剂 1 随浓度增大防膨率变化曲线。结果表明，防膨剂 1 具有良好的防膨性能，随浓度增大防膨率越来越大。当防膨剂 1 浓度为 0.30%时，其对钠膨润土的防膨率即达到 75.8%。

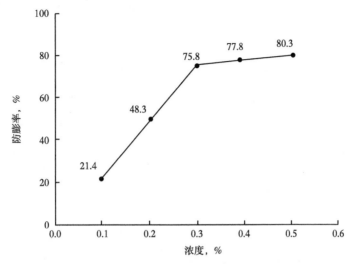

图 4-2-8　防膨剂 1 随浓度增大防膨率变化曲线

采用 Z2-2 井岩心粉末（100 目），与不同浓度防膨剂溶液进行岩粉微颗粒防膨性能 CST 实验，实验结果如图 4-2-9 所示。结果表明，加入质量分数 0.3%黏土稳定剂水溶液 CST 比值为 1.07，具有较好的防膨效果。

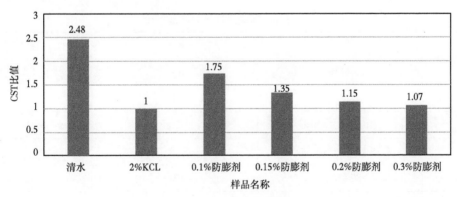

图 4-2-9　CST 测试结果

考虑目的层黏土矿物以伊利石和绿泥石为主，无强水敏性矿物蒙皂石及伊/蒙混层；参考目的层岩粉 CST 实验及防膨剂优选实验，选取防膨剂 1（代号 ZN-1）作为滑溜水体系目标产品，浓度达到 0.15%即可满足现场需求。

4.2.1.4　滑溜水体系配方

通过滑溜水添加剂筛选实验研究，初步形成 1 套乳液型滑溜水体系配方，具体组成为：0.075%乳液降阻剂 HYR11+0.1%表面活性助排剂 ZX+0.15%防膨剂 ZN-1。

4.2.2 滑溜水体系性能评价

4.2.2.1 配伍性能评价

按 4.2.1 节优选出的配方配制滑溜水，1 份在室温下溶胀并放置 4h，观察颜色、透明度、有无分层、沉淀、悬浮等异常情况。1 份放置在 90℃ 水域中，1 份密闭后放置在烘箱中恒温 150℃、4h，观察外观情况。结果见表 4-2-5。

表 4-2-5　滑溜水体系配伍性能实验结果

试验条件	现象描述
室温，4h，静置	乳白色半透明，溶液均匀，无分层、无沉淀
90℃，4h，静置	乳白色半透明，溶液均匀，无分层、无沉淀
150℃，4h，静置	乳白色半透明，溶液均匀，无分层、无沉淀
150℃，4h，静置（Z2-2 井岩心粉）	乳白色半透明，溶液均匀，无分层、无沉淀

所配两种滑溜水体系，不论在常温还是在高温条件下，放置后溶液均为均匀液体，未出现分层、浑浊等异常情况，配伍性能良好。在与 Z2-2 井岩心粉配伍性实验过程中，滑溜水与岩心配伍性良好，未出现悬浮、反胶等异常情况。

4.2.2.2 配方综合性能评价

采用前面所配滑溜水体系，按照国家能源行业推荐性标准 NB/T 14003.1—2015《页岩气 压裂液 第 1 部分：滑溜水性能指标及评价方法》要求，逐项测定滑溜水体系的综合性能，结果见表 4-2-6。

表 4-2-6　滑溜水性能与标准对比

序号	项目	指标	乳液型
1	pH 值	6~9	7.5
2	运动黏度，mm^2/s	≤5	≤3
3	表面张力，mN/m	<28	<23.2
4	界面张力，mN/m	<2	—
5	结垢趋势	无	无
6	SRB，个/mL	<25	杀菌率≥95%
7	FB，个/mL	<10^4	杀菌率≥90%
8	TGB，个/mL	<10^4	杀菌率≥95%
9	破乳率,%	—	—
10	配伍性	室温和储层温度下均无絮凝现象，无沉淀产生	良好
11	降阻率,%	≥70	—
13	CST 比值	<1.5	<1.07（岩心粉）

滑溜水体系的综合性能测试结果表明，复配形成体系后，配方综合性能与单剂检测结果相差不多，各类添加剂之间具有较好的配伍性，滑溜水整体性能满足行业标准要求。

4.2.2.3 耐温—耐剪切性能

把配制好的滑溜水溶液，用MARSⅢ流变仪对其进行耐剪切试验，观察剪黏度的变化情况。剪切速度为0~3000s^{-1}，室温为-130℃，剪切应力—黏度变化曲线见图4-2-10。

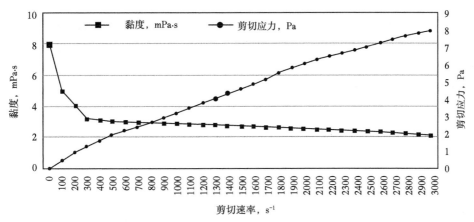

图4-2-10　HYR11滑溜水体系耐温耐剪切性能

从图4-2-10看出，滑溜水体系的黏度随剪切速率的增加而下降得非常缓慢，有较好的耐剪切性，保障了高温条件下较好的携带支撑剂和良好的降阻能力。

4.2.2.4 降阻率测试

采用管道降阻仪对优化出的滑溜水体系进行了减阻效果评价。

如图4-2-11所示，根据降阻率评价结果分析，0.1%HYR11滑溜水体系降阻率可达到70%以上（最高75%），高温处理后性能稍有降低，但仍能达到70%；0.075%HYR11滑溜水体系降阻率可达到70%以上（最高71.6%），能够满足渝西地区不同井深储层大排量施工需求。

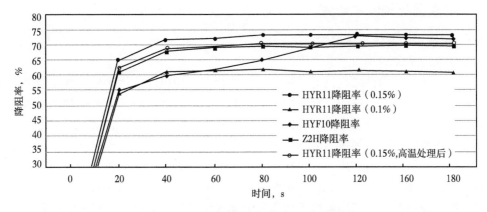

图4-2-11　不同滑溜水体系降阻率测试结果

4.2.2.5 携砂性能（沉降速度对比）

采用静态沉降实验评价不同液体体系的携砂性能。实验选择40/70目陶粒，其体密为1.71g/cm^3，在常温下测试陶粒在不同滑溜水溶液的沉降速度（表4-2-7）。

表 4-2-7　静态沉降实验测试

液体配方	黏度，mPa·s	沉降速度，mm/s
0.1%HYR11 乳液降阻剂＋0.1%助排剂 ZX+0.15%防膨剂 ZN-1	2.5	22.2
0.2%HYR11 乳液降阻剂＋0.1%助排剂 ZX+0.15%防膨剂 ZN-1	3.5	19.5
0.1%HPG	3	29.5

由以上实验结果可知，随着降阻剂溶液浓度的增加，液体的沉降速率降低，携砂性能增强；降阻剂溶液在表观黏度相当的情况下，HYR11 使用浓度低，且携砂性能优于相同黏度的瓜胶溶液。

4.2.2.6　储层伤害评价

采用优选的滑溜水配方（0.075%乳液降阻剂＋0.1%表面活性助排剂＋0.15%防膨剂 ZN-1），对 Z2-2 井岩心进行了基质渗透率伤害评价，实验结果见表 4-2-8。结果表明，滑溜水压裂液对岩心渗透率伤害较小，在 11.22%～14.17%，平均为 12.94%。

表 4-2-8　滑溜水压裂液页岩岩心伤害实验结果

岩心编号	伤害前渗透率 K_1 nD	伤害后渗透率 K_2 10^{-3} mD	伤害率 %	平均伤害率 %
1	127	109	14.17	
2	186	161	13.44	12.94
3	98	87	11.22	

综上所述，项目形成了适合高温深层页岩的滑溜水体系，具有以下优点：
(1) 溶解速度快，黏度可调，满足混配要求。
(2) 耐高温耐矿化度性能较好，能够满足渝西深层高温储层需求。
(3) 具有良好的表面修饰作用和防膨效果，对储层伤害程度低。
(4) 具有优良的降阻性能，降阻率达 70%以上。

4.2.3　耐高温胶液体系研究

4.2.3.1　耐高温胶液体系主剂优选

(1) 高温增稠剂优选。

近年来，为了获得性能优良的合成聚合物压裂液，国内外广泛开展了基于改性丙烯酰胺聚合物压裂液的研究，目前已合成的主要有多元共聚丙烯酰胺、聚丙烯酸钠、聚丙烯酸酯、聚乙烯醇、聚乙烯基胺等。两性离子丙烯酰胺聚合物可耐高温、抗盐能力好、能抑制地层中的黏土矿物因水化膨胀与运移产生的地层伤害，具备低伤害压裂液的结构与性能特征。为此优选了耐高温两性离子共聚物 EPV-1 作为胶液稠化剂，EPV-1 采用丙烯酸、丙烯酰胺和阳离子单体为原料合成，利用聚合物中的阴离子结构提供交联基团与交联剂交联形成聚合物冻胶压裂液，利用阳离子结构抑制地层中的黏土矿物因水化膨胀与运移产生的地层伤害。

水不溶物、基液黏度及稠化剂性能测试结果表明（表 4-2-9、图 4-2-12），EPV-1 稠化剂具有较好的溶解性能，3.5min 内溶胀基本完成，达到最大黏度；基液黏度较高，且水不溶物含量低，大幅度降低了稠化剂不溶物带来的储层伤害。室内测试基液降阻率可达到 70%以上。

表 4-2-9　常用压裂液稠化剂的性能对比表

名称	加量,%	水不溶物,%	常温溶液黏度,mPa·s
田菁	0.6	31.83	70.8
羟丙基田菁	0.6	7.55	67.2
羟丙基瓜胶	0.6	4.64	105.8
EPV-1	0.6	—	53

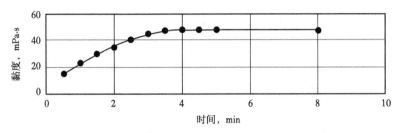

图 4-2-12　稠化剂速溶性能测试结果（0.5%）

（2）高温交联剂与延迟交联。

交联剂是一类能与聚合物线型大分子链形成新的化学键并使其联结成网状体型结构的化学品。它主要分成两大类：无机化合物和有机化合物。无机化合物包括硼酸、硼砂、三氯化铬、硫酸铬钾、四氯化钛、氧氯化锆、焦亚硫酸钠、重铬酸钾、重铬酸钠等，有机化合物包括有机硼、有机锆、有机钛、有机铬等。

常用的水基压裂是通过在高分子压裂液基液体系中加入交联剂获得较高的黏度。目前，对应于瓜尔胶类，如羟丙基瓜尔胶增稠剂使用较多的交联剂是硼类交联剂，在一定的温度范围内可获得性能较好的压裂液体系，但受交联对象本身抗温性的影响，其抗温性受到限制。对于人工合成类聚合物，如丙烯酰胺、丙烯酸、磺酸基单体等，其交联基团主要为酰胺基、羧基、磺酸基等，使用较多的是单一金属离子和单一配体的有机钛或有机锆类交联剂等。单一有机钛类交联剂交联能力强，即在较低温时效果好，压裂液抗温抗剪切能力强，但交联速度相对较快，使压裂液在地面或井筒具有较大黏度而增大了泵送摩阻。在150℃以上时，交联的压裂液体系抗温抗剪切能力较差。单一的有机锆交联速度相对较慢，在高温时交联效果好，抗温抗剪切性能良好，但在低温时交联黏度强度不高，悬砂能力受到影响。常规单一交联剂由于本身存在上述不足，使其性能不能完全满足高温压裂对压裂液悬砂、减少摩阻、抗温抗剪切等综合性能的要求。

优选了一种性能优良的复合交联剂（XC-4），耐温性好，且具有延缓交联作用，冻胶耐温性和耐剪切性也得到改善。

在交联剂性能评价中使用了以下体系配方，将分别用 0.35%XC-4、0.35%SL-10 交联的 0.5%EPV-1 压裂液装入旋转黏度计，密闭升温至 150℃后恒温，在 170s-1 下连续剪切 120min，测取表观黏度随时间的变化。

如图 4-2-13 所示，复合交联剂 XC-4 的耐温耐剪切性明显优于有机锆类 SL-10。有机锆类 SL-10 交联的压裂液初始黏度较高，但经过一段时间剪切后即大幅度降低，经 2h

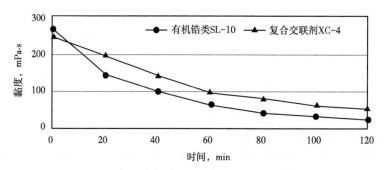

图 4-2-13　不同交联剂对 EPV-1 交联效果对比

剪切后降到 30mPa·s 以下；XC-4 交联的 EPV-1 压裂液可以耐受的温度高于有机锆交联剂，经 2h 剪切后黏度仍在 50mPa·s 左右。

（3）高温破胶剂优选。

作为压裂液的溶胶或冻胶，一旦压开地层并形成裂缝后，就希望其能迅速破胶而成为低黏度的流体，以便达到快速返排的目的。在高温地层中，随着停留时间的增长，压裂液通常会自动破胶。然而为了在较短的时间内达到此目的，就需在压裂液中添加破胶剂。

第一类以天然聚合物为成胶剂的压裂液一般用生物酶作为破胶剂，这类化合物对地层没有什么影响，适用的有 α-淀粉酶、β-淀粉酶、麦芽糖酶、纤维素酶和半纤维素酶等。但生物酶不耐高温，因而只有地层温度低于 60℃时才能使用。此外，生物酶对于由合成聚合物制备的压裂液基本上没有破胶作用。

第二类破胶剂是氧化剂，常用的有重铬酸钾、高锰酸钾、过氧化氢、过硫酸铵、过乙酸和过氧化叔丁醇等，适用于不同温度的地层条件。过氧化物通过生成游离基而产生破胶作用，当有能提供还原性金属离子的化合物存在时，可进一步加速游离基的生成而加快破胶速度。氧化剂对天然的或合成的聚合物均有破胶作用。

第三类破胶剂是无机或有机酸类，即利用压裂液 pH 值的降低而导致破胶，常用的酸有硫酸、盐酸、乙酸、对甲基苯磺酸等。有机酯类化合物在温度升高时能水解而生成酸，因而可把它们分散或溶解在压裂液中，使压裂液在地层中自动破胶。可选用的酯有甲酸乙酯、氯乙酸乙酯、钛酸丁二酯、马来酸二酯，酒石酸二酯等。一般认为二酸酯的效果更好，因为它们在开始泵入地层时水解很慢，温度达到 65℃以上后，水解反应加快而产生破胶作用。

为达到快速破胶目的，优选了过硫酸盐作为破胶剂。过硫酸盐在地层中分解出自由基进攻聚合物分子链，通过自由基链反应最终使压裂液彻底降黏，如图 4-2-14 所示。

$$O_3S—O—O—SO_3 \longrightarrow 2OSO_3$$

图 4-2-14　过硫酸盐分解反应图

压裂液在泵送和裂缝闭合时，由于液体滤失，聚合物浓度会浓缩 5~7 倍，聚合物的浓缩给压裂液的破胶带来了困难。普通破胶剂溶解在液体中，会随着液体滤失而滤失到储层中去，溶解的破胶剂不会随滤饼上聚合物的浓缩而浓缩，不能有效地使滤饼破胶，因此会对地层造成永久性的伤害。同时，破胶剂必须加到足够高的浓度，才能使聚合物完全破胶。而加大破胶剂浓度使压裂液过早降黏，导致施工中出现脱砂、砂堵。保证施工中压裂液黏度和施工后使压裂液彻底破胶是相互矛盾的。胶囊破胶剂可以很好地解决这一矛盾，可以使破胶剂延缓释放，这样在施工中既可保持所需要的黏度，施工后又可在闭合应力作用下破裂释放出破胶剂，延缓了破胶时间，有利于高温地层的施工。

选取破胶剂 EP-1，在不同交联剂交联的 EPV-1 压裂液中各加入 0.02% 破胶剂 EP-1，移入高压釜中，在密闭状态加热至 150℃，以 20r/min 转速搅拌 2h，再静置 24h。冷却后取出破胶液，用毛细管黏度计测定其黏度。结果见表 4-2-10。

表 4-2-10　压裂液破胶性能测试结果

EPV-1 浓度，%	交联剂类型	破胶温度，℃	破胶时间，h	交联比	黏度，mPa·s
0.5	SL-10	150	4	0.35	2.4
0.5	XC-4	150	4	0.35	1.8

破胶后液体黏度为 1.8mPa·s，可见 EP-1 交联的 EPV-1 压裂液破胶化水是完全彻底的。

综合以上对比评价结果，复合交联剂 XC-4 的耐温耐剪切性能优于有机锆类交联剂，而且 XC-4 交联效率较高，可降低配制压裂液的原材料费用。

4.2.3.2　耐高温胶液配方与综合性能研究

（1）高温压裂液基础配方优化。

实验药品见表 4-2-11。

表 4-2-11　高温压裂液体系所需药品一览表

组分	代号	浓度，%
稠化剂	EPV-1	0.5
交联剂	XC-4	0.35
黏土稳定剂	ZN-1	0.3
助排剂	ZX	0.1
破胶剂	EP-1	0.02

①基液的配制。

按照配比把所需高温改性瓜胶粉剂准确称取或量取，放入盛有 500mL 试验用水的吴茵混调器中，使其在低速下搅拌 5min 左右，然后用调压变压器控制电压在 50~55V 之间，使混调器在 600r/min 左右的转速下高速搅拌 10min 左右，使其成为均匀的溶液，倒入烧杯中加盖，放入恒温（30℃）水浴锅中静止恒温 4h，使基液黏度趋于稳定。

②基液表观黏度测定。

将配成的基液在 30℃用 FANN-35 型黏度计测定其黏度。转速为 100r/min，温度为 30℃的黏度公式为：

$$\mu = \frac{5.007a}{P \times 1.704} \times 100$$

式中，a 是黏度计指针的读数；5.007 是当 a 为 1 时剪切应力系数；1.704 是当每分钟转速为 1 时剪切速度；P 为每分钟的转速。

试验测试 7 种浓度基础配方基液黏度见表 4-2-12。

表 4-2-12　高温压裂液基液黏度表

浓度，%	转速（170s^{-1}），r/min	黏度，mPa·s
0.2	100	20
0.25	100	28
0.3	100	35
0.35	100	39
0.4	100	40.8
0.45	100	43
0.5	100	45

从测试结果可以看出，随着瓜尔胶浓度的增加，压裂液的黏度也逐渐增加，在瓜尔胶浓度达到 0.4% 后，压裂液黏度在 40mPa·s 以上，已经能满足压裂施工携砂要求，但考虑到该压裂液体系对应地层的特殊性，将稠化剂浓度确定在 0.5%。

通过基液性能测试，按照渝西地区高温地层物性特征，150℃ 条件下选择压裂液基础配方：0.50%EPV-1 高温稠化剂+0.35%XC-4 复合交联剂+0.02%EP-1 破胶剂+0.3%ZN-1 黏土稳定剂+0.1%ZX-1 助排剂，实际应用时，可根据不同储层温度、不同物性条件调整配方组成。

（2）高温压裂液流变性能测试。

高温流变性能测定方法：采用 MARKS 60 哈克高温高压流变仪将压裂液装好后对样品进行加热，控制升温速率为 3℃/min±0.2℃/min，同时转子的剪切速率为 170s^{-1}，压裂液在加热条件下观测点受到连续的剪切，评价压裂液的温度稳定性实际上是测定压裂液的黏度变化与温度之间的关系。

高温压裂液在 0.3%~0.4% 交联比条件下常温放置 1~3min 交联。将样品加热，待温度上升至 40~50℃ 后，交联速度加快，表观上胶体随温度、黏度增加，速度加快。

待稳定胶体形成后，采用 HARK MARS 60 流变仪测试 170s^{-1} 下压裂液的流变性。

110℃ 条件下 0.4% 稠化剂加量，当交联比为 0.4% 时，初始黏度 192mPa·s，剪切 60min 后能稳定在 66mPa·s 左右；剪切 120min 黏度仍能达到 50mPa·s 以上，可以满足该温度下的携砂要求。

150℃ 条件下 0.5% 稠化剂加量，当交联比为 0.4% 时，初始黏度超过 400mPa·s，随着剪切时间的增加，压裂液黏度降低，60min 黏度保持 125mPa·s，120min 后压裂液黏度仍保持在 60mPa·s 以上（该剪切条件下，黏度达到 30mPa·s 以上即可满足加砂需求），可以满足该温度条件下胶液携砂要求。

实验结果表明，0.50%EPV-1 高温稠化剂+0.4%XC-4 复合交联剂配方可以满足渝西地区深层页岩改造需要。

（3）高温破胶及残渣试验。

压裂液的破胶性能直接影响到压裂施工的效果，尤其是深层低渗透油气藏压裂改造关注的核心问题。EPV-1 高温压裂液体系破胶彻底、破胶液外观清澈透明、黏度较低（低于 3mPa·s）、肉眼看不见明显的压裂液残渣。

温度升高后，压裂液的破胶速度明显增加。因此，在高温地层环境中，交联液能较好地破胶（表4-2-13）。

表 4-2-13　温度对破胶的影响情况（EP-1 粉剂）

温度 ℃	破 胶 情 况							
	15min	25min	40min	60min	90min	120min	180min	240min
30	降解很少量	降解很少量	降解很少量	降解很少量	降解大约 3/5	降解大约 4/5	180	120
110	降解大约 1/3	降解大约 1/2	有少量未降解	51	12	6	3	
150	降解大约 4/5	45	24	18	6	3		

压裂液破胶后，取上层清液测定破胶液表面张力和黏度（表4-2-14）。

表 4-2-14　破胶液表面张力和黏度测试

破胶液样品	破胶液黏度, mPa·s	表面张力, mN/m
110	2.4	26.2
150	1.8	26.0

分别取 500mL 破胶液，用 4 支离心管，在离心机 3000r/min 的转速下离心 30min 后，取出放入 105℃ 的烘箱中加热烘干，测取破胶后残渣量。

如表 4-2-15、图 4-2-15 所示，该高温压裂液的残渣含量仅为普通压裂液的 10% 左右，残渣含量远低于行业标准，能够满足施工要求。

表 4-2-15　固相残渣测试情况表

实验样品	破胶剂用量, mg/L	残渣, mg/L
HPG	—	≤550
原粉, 0.5%	100	375
HPG-2, 0.5%	100	217
EPV-1, 0.5%	100	31

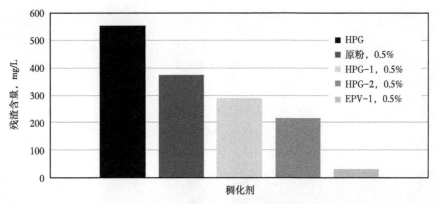

图 4-2-15　高温压裂液与普通压裂液残渣测试

（4）黏弹性与携砂性能。

压裂液的携砂性能的好坏不仅受到压裂液有效黏度的影响，还与其黏弹性有关，压裂液的悬砂性能与其弹性成正比，所以其弹性的好坏也非常重要。压裂液体系的黏弹性研究是在不同频率下，对样品施加一个振荡应变，使其在非破坏状态下对频率做出黏弹性响应，通过测定样品的储能模量（G'弹性效应）和耗能模量（G''黏性效应）来表征其弹性和黏特征。

使用 MARS III 流变仪对压裂液体系溶液进行应力扫描实验，设定剪切应力 1Pa 进行频率测试，频率设定为 0.01~10Hz，实验情况如图 4-2-16 所示。当频率在 0.01-1Hz 的范围内，G' 与 G'' 性质区域稳定，G' 远大于 G''。高温压裂液体系的 G' 远高于 G''，说明本体系具有很好的黏弹性，具有良好的携砂能力，足以满足压裂生产施工要求。

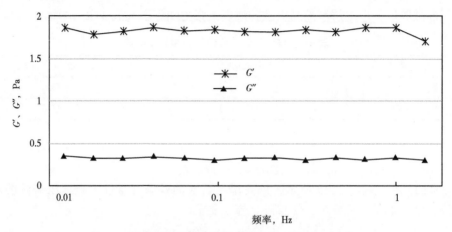

图 4-2-16　高温压裂液储能模数和耗能模数测试结果

携砂能力是压裂液性能的重要指标，携砂能力越强，压裂液所能携带的支撑剂颗粒和砂比越大，那么带入裂缝的支撑剂分布就越均匀。室温下，浓度为 0.5% 基液交联后（黏度为 235mPa·s 左右），使用 30/50 目石英砂进行携砂能力测试，砂比体积比为 30%。静置 3h 后石英砂沉积约为 1.5cm，沉降速度约为 0.08mm/min（图 4-2-17）。由此可见该压裂液悬砂能力强，砂体沉积量少，携砂效果好。

图 4-2-17　高温压裂液携砂及破胶测试

（5）配伍性实验。

当外来的流体进入地层或与不同流体混合后，易形成有害沉淀导致储层伤害。取滑溜水、胶液、20%盐酸进行常温和高温配伍性实验，常温和高温处理2h后观察记录。实验结果均未发现絮凝、沉淀和分层等现象，表明压裂液与其他液体配伍性良好，可满足地层要求（表4-2-16）。

表4-2-16　滑溜水、胶液与盐酸配伍性

测试项目	常温配伍性	高温配伍性（150℃高温处理）
降阻水与胶液配伍性	低黏降阻水、胶液两者混合后无絮凝、无沉降、无分层	无絮凝、无沉降、无分层
压裂液与20%盐酸酸液配伍性	降阻水、胶液分别与20%盐酸酸液混合后无絮凝、无沉降、无分层	无絮凝、无沉降、无分层

（6）小结。

通过稠化剂、交联剂、破胶剂等单剂优选和系列评价试验，研发了最高适合150℃地层条件的EPV-1型聚合物胶液体系（表4-2-17），配方组成为：0.50%EPV-1高温稠化剂+0.35%XC-4复合交联剂+0.02%EP-1破胶剂+0.3%ZN-1黏土稳定剂+0.1%ZX-1助排剂。在实际应用时，可根据不同储层温度、不同物性条件调整配方组成。

表4-2-17　EPV-1型压裂液综合性能参数

序号	检验项目		检验条件	检验结果
1	溶胀时间，min		—	3.5
2	基液表观黏度，mPa·s		常温 $170s^{-1}$	42.0
3	表面张力，mN/m		—	26.0
4	残渣含量，mg/L		—	31.0
5	降阻率，%		—	78
6	破胶液黏度 mPa·s		150℃，24h	1.8
			110℃，24h	2.4
7	耐温耐剪切性能	黏度，mPa·s	150℃、$170s^{-1}$、剪切60min	120
		黏度，mPa·s	150℃、$170s^{-1}$、剪切120min	75
8	降阻水与胶液配伍性		—	混合后无絮凝、无沉降、无分层
9	压裂液与20%盐酸酸液配伍性		—	降阻水、胶液与20%盐酸酸液混合后无絮凝、无沉降、无分层

实验评价结果显示，EPV-1型聚合物压裂液具有以下优点：

①溶解速度快，黏度可调，延缓交联，可满足现场个性化配液需求。

②剪切稀释性能好，降阻率可达70%以上。

③具有良好的耐温耐剪切能力，具有一定的黏弹性特征，携砂性能好。

④水不溶含量和残渣含量低，破胶彻底，对储层的潜在伤害能力大幅降低。

⑤配伍性好。

4.3 压裂工艺技术

在创建了适合重庆地区深层页岩的可压裂性定量评价体系，揭示了裂缝扩展机理及主控因素的基础上，本节开展了深层页岩地质、工程特点分析，明确了重庆地区深层页岩气压裂面临的主要问题和难点。

重庆地区前期主要通过引进北美地区深层页岩气压裂改造技术，对部分页岩气水平井实施了以形成大规模裂缝网络为目标的分级多段压裂，但压后效果不佳，呈现出裂缝复杂程度偏低、储层改造体积偏低、支撑裂缝导流能力偏低的"三低"特征。针对以上"三低"特征，从地质工程一体化角度出发，制定了以密切割分段、低黏滑溜水高排量施工、暂堵剂转向为核心的压裂工艺；建立了以提高裂缝复杂程度、增加单井储层改造体积为目的体积压裂思路；设计了以提高支撑强度、保持裂缝导流能力，主体采用40/70目陶粒支撑剂，配合大排量连续加砂的泵注模式，最终形成了一套适用于重庆地区深层页岩气储层的"增体积、促复杂、强支撑"的高强度压裂方案。

基于以上认识，对重庆地区深层页岩气井现有压裂方案进行优化和重新设计，并在Z2-2-H1 井、黄 202 井、Z2-3 井和 Z2-6 井顺利实施高强度体积压裂。相较于引进北美地区压裂技术的 Z2-1-H1 井，工艺优化后的压裂井在 SRV、加砂强度、测试产量等方面都取得了大幅提升，实现了大幅度提高储层改造体积和裂缝复杂程度的工程目标，见表4-3-1。

表 4-3-1 重庆地区压裂完成井关键指标参数表

井号	垂深 m	加砂强度 t/m	用液强度 m^3/m	40/70 陶粒占比 %	SRV $10^4 m^3$	测试产量 $10^4 m^3/d$
Z2-1-H1	4363.76	1.38	32.58	10.61	2800.0	10.56
Z2-2-H1	3925.45	2.22	37.10	65.94	8615.5	45.67
黄 202	3952.93	2.83	40.12	47.34	5086.1	22.37
Z2-3	4169.66	1.76	41.86	70.80	6189.0	21.3
Z2-6	4235.78	1.54	37.74	48.00	7360.0	正试

4.3.1 深层页岩气压裂难点分析

（1）储层致密、塑性特征明显、层理不发育，压裂施工难度大。

受岩石成岩压实作用影响，随着储层埋藏深度的增加，相较于中浅层储层岩石，深层岩石非常致密，天然裂缝欠发育，储层"三高"（高温、高压、高地应力）特征明显，成了勘探开发面临的难题。针对非常规页岩储层，"三高"则是制约深层页岩气有效开发的重要因素。在高温、高压、高地应力的复杂环境下，深层岩石力学性质已完全不同于浅部地层，深部地层岩石可能从弹脆性转变成延塑性，同时可能伴随着深层蠕变。因此，对深层岩石力学特性的研究十分必要和关键。岩石力学性质的转变使得在深层压裂过程中，岩石可能出现大范围塑性变形，基于线弹性断裂力学的裂缝扩展理论与方法不再适用。

深层岩石力学所研究的地层力学性质在高围压、高温度和高孔隙压力状态下，可能从

144

弹脆性转变成黏塑性，也可能由于高孔隙压力的作用使得原本延性的岩石呈现脆性破坏。一般地温梯度为 3℃/m，当温度超过 150℃时，温度对岩石性质影响较为显著。

静态岩石杨氏模量、泊松比均是埋藏深度的函数，在埋藏较深的高温高压环境下，地层岩石塑性特征明显增强，储层岩石抗压强度增加。通过我国各主要油田砂泥岩的三轴试验研究发现，静态泊松比随围压增大而增大，岩石的泊松比、弹性模量同所处的深度有关，岩石泊松比、弹性模量和强度随地层深度、声波速度变化而变化。

由于深层页岩储层岩石塑性特征明显，以及区块本身不发育有天然裂缝、节理等储层结构弱面，从而会导致压后裂缝过于单一，呈现出对称双翼的主裂缝特征，大大增加了压裂形成复杂缝网的难度。

（2）水平主应力高，水平应力差值大，形成复杂缝网难度大。

如表 4-3-2 所示，随着埋藏深度的增加，储层三向应力随之增加，且水平应力差异增大，统计表明四川盆地页岩储层亦满足以上规律。

表 4-3-2　不同地区实测地应力大小统计表

井号	层位	三向主应力，MPa			水平应力差 MPa
		水平最大	水平最小	垂向	
Z2-3	龙一$_1$^{1}	99.2	79.48	99.57	19.7
	五峰组	99.54	80.3	100.29	19.2
Z2-6	龙一$_1$^{1}	102.24	80.77	103.94	21.47
	五峰组	99.87	80.46	103.93	19.41
黄202	龙一$_1$^{1}	108.91	89.02	102.3	19.9
Z2-2	龙一$_1$^{1}	106.51	87.17	99.2	19.3
荣203	龙一$_1$^{1}	111.03	96.5	106.3	14.5
合201	龙一$_1$^{1}	110	96.45	106.01	13.6
宁215	龙一$_1$^{1}	71.28	60.32	64.48	11
宁217	龙一$_1$^{2}	82.1	71.9	77.4	10.2

深部页岩储层的岩石起裂难度较中浅层页岩储层更大，加之高地应力特征，表征了深层页岩储层的高裂缝延伸压力梯度，为有效克服两向水平应力差异，要求在压裂施工时需提供更高的缝内净压力以获得更宽的裂缝缝宽，因此在深层页岩气压裂施工期间表现出了高地面破裂压力及高地面施工压力等特征。

一方面，常规中浅层页岩气压裂主体工艺往往难以满足深层页岩裂缝扩展所需净压力，常表现为造缝缝宽不足、造缝长度不够和裂缝网络不复杂，大粒径支撑剂加入困难，易在缝口附近形成砂桥从而增加支撑剂加入难度。最终因有效进入裂缝的支撑剂量不足，导致支撑裂缝内支撑剂过少，支撑裂缝缝宽不足，不能满足页岩气生产所需的最小裂缝导流能力，影响后期改造效果。

另一方面，在高围压（地应力）、高应力差条件下，水力裂缝中的支撑剂易破碎或嵌入地层，从而导致裂缝缝宽变窄、导流能力下降，同时破损的支撑剂粉末堵塞细微喉道，进一步降低了支撑裂缝导流能力。随着地层围压的逐渐增加，页岩储层裂缝自支撑优势逐渐降低或消失，降低了储层改造体积及有效裂缝表面积，导致深层页岩气压后效果难以保证。

4.3.2 重庆地区前期压裂实施效果及工艺适应性分析

4.3.2.1 Z2-1-H1井基本情况

Z2-1-H1井为重庆地区第一口深层页岩气水平井，目的层垂深超过4300m。综合测井解释成果表明，该井具有高杨氏模量、高泊松比、高地应力等特征。其中杨氏模量为44226~48760MPa，泊松比为0.21~0.28，水平段最小水平主应力为94~104MPa，水平应力差为6.7MPa。岩石矿物脆性指数较高，均超过70%。

4.3.2.2 Z2-1-H1井压裂方案回顾

Z2-1-H1井深层页岩气压裂施工方案在参考长宁—威远国家级页岩气示范区相关作业经验的基础上，对所引进的北美地区深层页岩气压裂工艺进行部分优化，主体方案如下：

（1）分簇射孔、分段压裂，以最大限度提高压裂裂缝复杂程度、形成复杂裂缝为目标，采用"大液量、大排量、大砂量、低黏度、小粒径、低砂比"的压裂改造模式；

（2）全溶桥塞+分簇射孔分段压裂工艺；

（3）第1段采用连续油管传输射孔，其余各段采用电缆传输射孔，采用等孔径射孔弹（等孔径深穿透射孔弹），采用螺旋布孔方式；

（4）结合地质品质和工程品质进行压裂"甜点"选择，综合测井、录井、小层划分等成果，将物性相近、应力差异不大的分在一段，对储层物性较好的适当缩小段间距；首选方案采用段塞+连续混合式加砂模式，备选方案采用段塞式加砂模式；

（5）为降低施工风险，支撑剂选用100目粉砂+100目粉陶+40/70目低密度陶粒组合方式；

（6）在施工压力允许条件下，尽可能大排量施工，主体施工排量至少按14m³/min进行作业。

4.3.2.3 Z2-1-H1井压裂实施情况

Z2-1-H1井完成24段主压裂施工，平均段长60m，共注入地层液量46908.4m³，其中滑溜水30223m³、冻胶16685.4m³，平均单段液量1954.52m³，用液强度为32.49m³/m。共注入支撑剂量1994.01t，其中70/140目石英砂693.61t 70/140目陶粒1089.13t、40/70目陶粒211.27t，占比分别为35%、55%、10%。

如图4-3-1所示，压裂施工期间，地面施工压力高、加砂困难，故对实施方案进行了及时调整，主要包括射孔参数、压裂液体系、加砂模式、小粒径支撑剂比例等方面（表4-3-3）。

表4-3-3 Z2-1-H1井压裂方案实施情况表

类别	设计	调整内容	调整段号	实施目的
射孔参数	主体：1m/簇，3簇48孔	簇长度短至0.3~0.6m，孔眼减少为15~30孔	第4~24段	"聚能控破"，减少近井地带多裂缝，降低压裂施工弯曲摩阻，提高施工排量
压裂液体系	前置冻胶+滑溜水+冻胶	前置冻胶+滑溜水+冻胶混合液	第2~5、7~24段	降低施工风险，确保加砂总量
加砂方式	段塞式加砂+连续加砂	低浓度（≤120kg/m³）连续加砂	第1~5、7~24段	
支撑剂用量比例	70/140目粉砂+70/140目陶粒+40/70陶粒	主体：70/140目粉砂+70/140目粉陶	第10~22段	

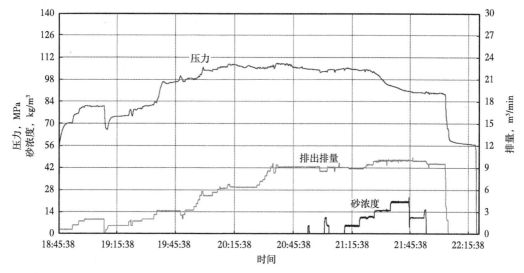

图 4-3-1　Z2-1-H1 井第 1 段压裂施工段曲线

4.3.2.4　北美地区压裂工艺适应性评价

（1）基于微地震和试井解释的压裂效果评价技术。

Z2-1-H1 井压裂中进行了井下微地震监测，压后试采期间进行了试井分析，对储层改造实际情况进行了全面评价。

根据 Z2-1-H1 井 22 级微地震监测数据显示，该井压后获 SRV2800×10⁴m³，为长宁地区井下微地震监测所获 SRV 的 $\frac{1}{3} \sim \frac{1}{2}$。微地震事件点呈条带状分布，压裂主裂缝特征明显，整体事件点扩展方向垂直于井筒。基于 Cipolla 裂缝复杂程度计算公式及裂缝复杂程度判定标准，Z2-1-H1 井压后裂缝复杂程度偏低，均在复杂裂缝区域，尚未形成网络裂缝。

试井解释显示 Z2-1-H1 井压后 SRV 偏小，裂缝复杂程度偏低，生产期间渗流阻力主要消耗于储层，储层导流能力偏低。

Z2-1-H1 井压力导数双对数曲线斜率为 1/2，呈现出大裂缝无限导流的渗流特征，表明本次压裂主要形成了分布相对简单的大裂缝系统，未明显形成压力导数双对数曲线斜率为 1/4 的复杂网状缝；关井压力恢复 15.5h 后逐步过渡到裂缝系统拟径向流阶段，也表明主要形成了流动能力强的大裂缝系统；本次压裂形成的裂缝平均半长为 38.77m，表明本次压裂整体改造范围有限；压力恢复拟合精度高，外推压力可靠，折算至产层中深处压力为 83.20MPa，压力系数为 1.91。

Z2-1-H1 井通过微地震监测和试井解释方法对压裂效果进行了评估。总体上看，该井生产期间流动摩阻主要消耗于储层，近井筒裂缝导流能力偏低，渗流环境未充分改善，常规压裂思路并不适用于重庆地区的深层页岩储层。

（2）分段工艺参数适应性评价。

在非常规油气藏压裂中，为了形成复杂裂缝，一般采用更易于形成复杂缝网的分簇射孔方式。同时配合大排量的压裂施工，压裂时多簇裂缝同时扩展，裂缝延伸过程中，各簇孔眼形成的裂缝相互影响相互干扰，并在页岩固有的微裂缝、水平应力等因素的共同作用下，形成复杂的空间网状裂缝。

针对普遍具有高地应力、高应力差特征的深层页岩气储层，形成网络裂缝难度较大，更易形成单一主缝。因此，常规埋深 3500m 以浅的页岩储层分段工艺参数对深层技术针对性不强。为提高压后储层裂缝复杂程度，需缩短分段段长，在射孔簇数不变的情况下实现簇间距的缩短。利用压裂施工期间簇间应力干扰改变近裂缝附近应力状态，从而迫使裂缝转向。

（3）压裂液体系适应性。

页岩施工时压裂液黏度对裂缝扩展复杂程度具有重要影响，压裂液黏度越高，液体越不容易进入或沟通天然裂缝。黏度越低，压裂过程中越容易进入或沟通天然裂缝，从而形成复杂的裂缝系统。

从现场实际压裂微地震监测结果可以看出，采用交联液压裂的事件点方向性明显，呈现典型双翼裂缝特征；采用滑溜水压裂监测的微地震事件波及范围更大，如图 4-3-2 所示。

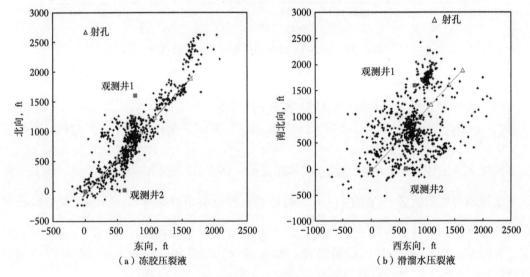

图 4-3-2　冻胶与滑溜水压裂微地震监测对比图

从室内物理模拟实验可以看出，试验采用 300mm×300mm×300mm 的页岩露头开展压裂模拟试验，实验采用相同的三向应力和注入排量，模拟了不同黏度压裂液注入情况下的压裂裂缝形态，实验结果如图 4-3-3 所示，采用低黏滑溜水体系（3mPa·s）的压裂液压裂后形成了较为复杂的裂缝，采用高黏度的胶液压裂后形成的压裂裂缝相对简单，进一步证实了采用低黏滑溜水有利于沟通微裂缝，形成较为复杂的裂缝网络。

Z2-1-H1 井第 6 段开展全程低黏滑溜水造缝、携砂现场试验，微地震监测结果表明该段获本井最大 SRV，因为低黏滑溜水更有利于造复杂缝，增大储层改造体积。该井主体冻胶+滑溜水混合液造缝携砂可能是导致压后裂缝复杂程度偏低、SRV 偏小的重要因素。

（4）施工排量适应性。

净压力指压裂施工过程中裂缝内的延伸压力与最小水平主应力的差值。裂缝内的净压力越高，越有利于形成复杂裂缝。在压裂时除了考虑页岩地层的地应力分布、岩石力学性质之外，还需要考虑天然裂缝张开的情况。天然裂缝张开临界压力计算如下：

$$p_{fo} = \frac{\sigma_H - \sigma_h}{1 - 2v} \tag{4-3-1}$$

（a）低黏度滑溜水（3mPa·s）

（b）高黏度压裂液（120mPa·s）

图 4-3-3　不同黏度压裂压裂后裂缝形态

式中，p_{fo} 为天然裂缝张开的缝内临界压力，MPa；σ_H、σ_h 分别为最大水平主应力和最小水平主应力，MPa；v 为岩石的泊松比。

在压裂过程中，如果裂缝内的压力超过了天然裂缝张开的临界压力，则容易导致天然裂缝张开，使水力裂缝以网络裂缝模式扩展。针对裂缝储层压裂时，多裂缝同时延伸过程中，水力裂缝与天然裂缝之间相互作用，美国得克萨斯大学的 Jon E. Olson 和 Arash Dahi Taleghsni 在 2009 年采用边界元法进行延伸模拟研究，提出了采用净压力系数 R_n 来表征施工压力对裂缝延伸的影响：

$$R_n = \frac{p_f - \sigma_h}{\sigma_H - \sigma_h} \tag{4-3-2}$$

式中，p_f 为裂缝内流体压力，MPa。

对于人工裂缝与天然裂缝夹角为 90° 的水平井来说，当 $R_n = 5$ 时，多裂缝形成的缝网较为明显和充分；当 $R_n = 2$ 时，缝网有一定的延伸，但不充分；当 $R_n = 1$ 时，人工裂缝不连接天然裂缝，缝网不发育。Rahman 等基于流固耦合理论，利用有限元研究了孔隙压力变化和天然裂缝与人工裂缝之间的相互作用，提出了在人工裂缝和天然裂缝夹角较小的情况下（30°），无论水平应力差多大，天然裂缝都会张开，改变原有路径，为形成缝网创造条件；夹角中等情况下天然裂缝在低应力差条件下会张开；在夹角大于 60° 情况下，无论水平主应力差多大，天然裂缝都不会张开。

压裂施工中裂缝内的净压力受多种因素影响，如压裂液的黏度、施工排量以及射孔方式等。现场开展不同施工排量条件下的瞬时停泵压力测试，测试表明，随着施工排量由 8m³/min 逐渐增加至 20m³/min，瞬时停泵压力由 62.74MPa 上涨至 66.6MPa，通过提高施工排量提高缝内净压力效果明显，如图 4-3-4 所示。Z2-1-H1 井因施工压力过高，施工排量受限于 13m³/min，直接影响了压裂

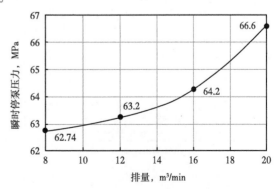
图 4-3-4　测试压裂停泵压力曲线

裂缝内净压力的有效提升，并导致最终改造体积偏低。

（5）支撑剂适应性。

支撑剂是实现压裂裂缝不完全闭合，为气井生产提供气流通道，从而改善近井筒渗流环境实现增产的基础入井材料。支撑剂粒径、破碎、嵌入是影响裂缝导流能力的重要因素。室内实验表明，随着裂缝闭合压力的增加，支撑剂破碎率快速增加，导流能力急速降低（图4-3-5）。

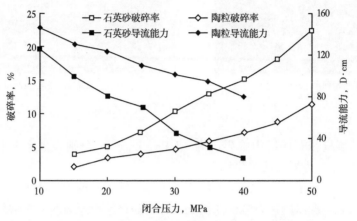

图4-3-5　石英砂和陶粒破碎率及导流能力对比

（6）射孔工艺适应性。

使用等孔径射孔弹射孔时所射孔眼尺寸相差不大，可降低孔眼摩阻，提高孔眼开启效率。Z2-1-H1井采用等孔径射孔弹射孔，取得了较好的降摩阻效果，对深层页岩气高地面施工压力具有较强的技术适应性（图4-3-6）。

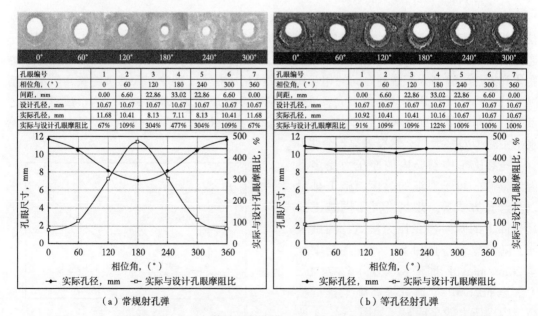

图4-3-6　常规射孔弹（a）与等孔径射孔弹（b）射孔孔眼尺寸及摩阻均匀程度曲线

4.3.3 重庆地区深层页岩气压裂工艺优化及效果分析

在 Z2-1-H1 井压后效果评价的基础上，直接采用国内外其他区块深层页岩的压裂思路并不能在重庆地区取得同样良好的改造效果。这是由于试验井处于西山组中奥顶构造北段东翼近轴部，根据测井解释结果，区块最小水平主应力 89.6~96.4MPa，水平应力差为 17MPa 左右，高地应力、高水平应力差值特征明显，岩心照片表明储层致密、层理缝发育，且被石英充填。形成复杂裂缝网络难度大。

基于以上认识，在重庆地区必须开展针对性强的压裂工艺优化（图 4-3-7）。从地质工程一体化的角度出发，结合微地震数据、测井资料、地质工程和压裂数值模拟的全方位耦合，制定出了采用密切割分段、全程低黏滑溜水压裂、主体 40/70 目陶粒高强度高排量连续加砂的高强度体积压裂工艺。针对用于试验的大足区块水平地应力差异较大的特点，开展暂堵剂转向压裂工艺先导性试验。

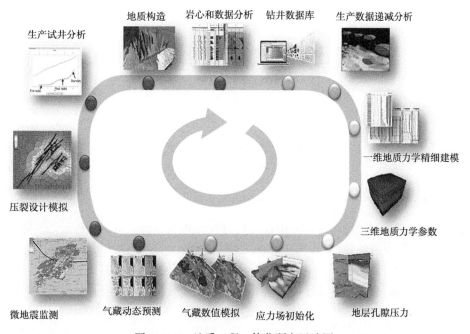

图 4-3-7　地质工程一体化研究思路图

4.3.3.1　Z2-2-H1 井

Z2-2-H1 井完成 29 段主压裂施工，采用等孔径射孔弹射孔，分 3 簇，簇长 1m，孔密 16 孔/m，总孔数 48 孔。共注入地层液量 55421.4m³，其中滑溜水 54019.4m³、线性胶 1402m³，平均单段液量 1954.52m³，用液强度为 32.49m³/m。共注入支撑剂量 3323.7t，其中 70/140 目石英砂 1132.2t、40/70 目陶粒 2191.5t，占比分别为 34.06%、65.94%，具体施工参数见表 4-3-4。

主压裂施工期间，以 Z2-2-H1 井为中心开展井中微地震监测，共获 29 段主压裂施工微地震监测数据。结果表明 Z2-2-H1 井压后获 SRV8615.5×10⁴m³，获测试产量 45.67×10⁴m³/d。

表 4-3-4　Z2-2-H1 井压裂施工规模参数表

压裂段长 m	施工段数 段	簇数 簇	簇间距 m	总液量 m³	用液强度 m³/m
1493.8	29	3	17.37	55421.4	37.10

加砂强度 t/m	石英砂用量 t	陶粒用量 t	暂堵剂用量 t	施工排量 m³/min	施工压力 MPa
2.22	1132.2	2191.5	3	13~14	77~81

4.3.3.2　黄 202 井

黄 202 井完成 30 段主压裂施工，采用等孔径射孔弹射孔，分 3 簇，簇长 0.5m，孔密 20 孔/m，总孔数 30 孔。共注入地层液量 59940m³，其中滑溜水 58250m³、线性胶 1690m³，平均单段液量 1998m³，用液强度为 40.12m³/m。共注入支撑剂量 4082.31t，其中 70/140 目石英砂 911.65t、70/140 目陶粒 1053.67t、40/70 目石英砂 218.26t、40/70 目陶粒 1898.73t，占比分别为：22.33%、25.81%、5.35%、46.49%。施工参数见表 4-3-5。

表 4-3-5　黄 202 井压裂施工规模参数表

压裂段长 m	施工段数 段	簇数 簇	簇间距 m	总液量 m³	用液强度 m³/m
1494	30	3	16.60	59940	40.12

加砂强度 t/m	石英砂用量 t	陶粒用量 t	暂堵剂用量 t	施工排量 m³/min	施工压力 MPa
2.83	1169.97	3052.48	2	13.3~16	86~109

主压裂施工期间，以黄 202 井为中心开展井中微地震监测，共获 29 段主压裂施工微地震监测数据。结果表明黄 202 井压后获 SRV5086.1×10⁴m³，获测试产量 22.37×10⁴m³/d。

4.3.3.3　Z2-3 井

完成 25 段压裂施工，采用等孔径射孔弹射孔，分 3 簇，簇长 1m，孔密 16 孔/m，总孔数 48 孔。地面施工压力主要为 90~100MPa，共泵注 57786m³ 压裂液，2425.8t 支撑剂，平均用液强度 41.86m³/m，加砂强度 1.76t/m，排量集中在 17m³/min。该井共有 12 段实施了暂堵转向工艺，暂堵实施段平均加入 200kg 暂堵剂，主体按 1100m³ 液量后开始加暂堵剂，具体施工参数见表 4-3-6。

表 4-3-6　Z2-3 井压裂施工规模参数表

压裂段长 m	施工段数 段	簇数 簇	簇间距 m	总液量 m³	用液强度 m³/m
1380.5	25	3	18.41	57786	41.86

加砂强度 t/m	石英砂用量 t	陶粒用量 t	暂堵剂用量 t	施工排量 m³/min	施工压力 MPa
1.76	708.4	1717.4	2.4	15.9~16.5	89~97.5

主压裂施工期间，以 Z2-3 井为中心开展井中微地震监测，共获 25 段主压裂施工微地震监测数据。结果表明 Z2-3 井压后获 SRV6189.0×10^{4}m^3，获测试产量 21.30×10^{4}m^3/d。

4.3.3.4　Z2-6 井

完成 27 段压裂施工，采用等孔径射孔弹射孔，分 3 簇，簇长 1m，孔密 16 孔/m，总孔数 48 孔。入地总液量 55751.32m^3，支撑剂 2250.69t，用液强度 37.74m^3/m，加砂强度 1.54t/m，共加入暂堵剂 3.4t。深井采用 12 段垂向定向射孔、2 段水平定向射孔、13 段螺旋射孔，第 4~6、第 17 段砂堵，具体施工参数见表 4-3-7。

表 4-3-7　Z2-6 井压裂施工规模参数表

压裂段长 m	施工段数 段	簇数 簇	簇间距 m	总液量 m^3	用液强度 m^3/m
1491.0	27	3	18.41	55751.32	37.39

加砂强度 t/m	石英砂用量 t	陶粒用量 t	暂堵剂用量 t	施工排量 m^3/min	施工压力 MPa
1.54	1170.41	1080.1	3.4	14.6~15.8	87~94.8

Z2-6 井共完成 27 段监测，累计监测微地震事件 951 个。微地震事件所描述的几何尺寸：微地震事件响应分布范围长度在 90~480m 之间，均长约 314m；宽度在 70~280m 之间，均宽约 118m；高度在 60~190m 之间，均高约 108m。从微地震事件分布看，Z2-6 井区域微裂缝发育，未监测到明显的大规模天然裂缝响应，出靶点区域事件延伸相对较短。

4.4　压裂效果评价技术

4.4.1　压裂效果评价技术优选

水力压裂改造效果的评价集中在水力压裂裂缝参数及压后产能两大方面。业内对现有的裂缝监测技术的原理和特点进行总结，并根据所采集数据特征对现有方法进行了分类，即将裂缝监测技术大致分为三类：远井直接监测方法、近井直接监测方法、间接监测方法。远井直接监测方法的监测对象是大地变形或地震波，需要建立一个数据监测网络来完成数据采集；近井直接监测方法监测的是压裂后裂缝、储层岩石或储层流体的物理或化学变化；间接监测方法所监测对象是主要是压力，是裂缝在油藏中所反映出的一种间接属性，不是客观存在的物质，需要通过抽象的数理分析得到相关的解释结果。

随着各项技术的不断发展和人们对压裂监测的深入研究，包括声波测井、放射性示踪剂技术、井筒成像测井、井下电视、示踪剂返排等方法陆续被引入裂缝监测技术中，压裂裂缝监测的发展进入了技术集成阶段。总的来说，国内外所形成的多种裂缝测量技术无论是原场测量还是近井地带裂缝的描述也仍存在很大的分歧和差异。

结合渝西地区页岩目的层特征，认为成像测井、偶极子横波测井、微注测试、小压测试、微地震监测、生产测井、净压力拟合、试井及生产测井分析等技术可用于综合评价区域储层压裂改造基本特征参数，评价压裂改造效果，指导压裂工艺优化、产能评估和生产制度的确定（表 4-4-1）。

表 4-4-1　压裂裂缝监测技术集成

监测的指标	施工参数	方位及形态	几何参数	裂缝渗流属性参数
监测技术	微注测试	微地震	井筒测井	生产动态分析
	小型压裂测试	倾斜仪	不稳定试井	不稳定试井
		地表电位	净压力拟合	放射性示踪剂
		……	井下电视	……
			……	
施工及生产过程	主压裂施工前	泵注过程	关井及返排过程	生产过程

4.4.2　压裂效果评价技术集成与应用

微注测试评价示范区对先期实施的 Z2-1 井和 Z2-2 井进行了微注测试预评价储层。

4.4.2.1　Z2-1 井微注测试分析

Z2-1 井微注测试射孔层段 4368.7～4369m，孔密 20 孔/m，相位 60°，测试累计注入滑溜水 3.4m³，最高注入排量 0.5m³/min，最高压力 73.27MPa。施工曲线图和注入量如图 4-4-1 所示。

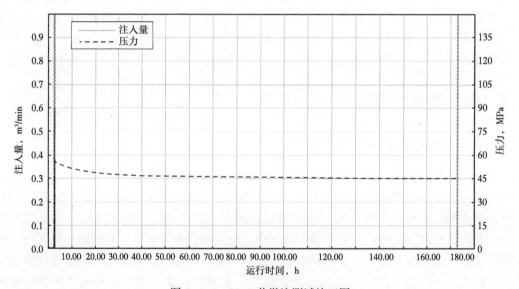

图 4-4-1　Z2-1 井微注测试施工图

采用非常规压裂设计软件（Meyer）对 Z2-1 井微注测试施工曲线进行分析，G 函数压降分析结果显示瞬时停泵压力为 57.8MPa，裂缝闭合时间为 19.09h，裂缝井底闭合压力为90.53MPa，净压力为 10.326MPa，破裂压力梯度为 0.0206MPa/m，G 函数曲线具有典型的天然裂缝发育特征。

霍纳曲线分析结果显示储层压力为 83.58MPa，地层压力梯度为 1.90MPa/100m。根据 Z2-1 井试油资料显示，井深 4356.00m 电子压力计测得的静压为 76.81MPa，计算地层压力系数为 1.76，压裂解释结果与井下压力计测试结果相差不大，按照相关石油天然气，国家标准《天然气藏分类》（GB/T 26979—2001）地层压力系数分类可划分为高压—超高压气藏，气藏按地层压力系数分类标准见表 4-4-2。

表 4-4-2 气藏按地层压力系数分类标准

气藏类型	低压气藏	常压气藏	高压气藏	超高压气藏
地层压力系数	<0.9	0.9~1.3	1.3~1.8	≥1.8

4.4.2.2 Z2-2 井微注测试分析

Z2-2 井微注测试射孔段为 3877.5~3879m、3890.5~3892m、3895~3897m，孔密 20
孔/m，相位 60°，累计注入液体 5.01m³，最高注入排量 0.5m³/min，最高压力 66.72MPa。
施工曲线图如图 4-4-2 所示。

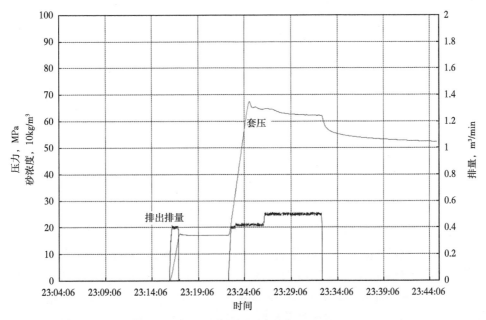

图 4-4-2　Z2-2 井微注测试施工图

采用 StimPlan 压裂软件对 Z2-2 井微注测试压降数据进行了拟合分析。结果显示储层
破裂压力达 103.88MPa，储层渗透率 0.001805mD，见表 4-4-3。根据 G 函数曲线分析结
果显示储层压力为 82.685MPa，与 Z2-2 井测井最小水平主应力 (81.2~82.8MPa) 较为
吻合，略低于室内试验应力 (87.17~87.56MPa)，见表 4-4-4、表 4-4-5。解释地层压力
系数为 1.988，按照相关石油天然气行业标准，地层压力系数分类可划分为超高压致密
气藏。

表 4-4-3 Z2-2 井微注测试处理结果数据表

项目	射孔段中深 TVD，m	井底破裂压力，MPa	井底破裂压力梯度，MPa/m	闭合时间 min	井底闭合压力 MPa	井底闭合压力梯度，MPa/m
处理值	3649	103.88	0.029	128.318	82.685	0.0226
项目	井底瞬时停泵压力，MPa	液体效率	停泵时净压力 MPa	分析储层孔隙压力，MPa	储层孔隙压力梯度，MPa/m	储层渗透率 mD
处理值	92.335	0.873	9.65	72.368	0.01988	0.001805

表 4-4-4 Z2-2 井测井参数

序号	层位	顶深 m	底深 m	厚度 m	最大水平主应力 MPa	最小水平主应力 MPa	垂向应力 MPa	破裂压力 MPa
1	龙一$_1^4$	3858.3	3870.5	12.2	96.2	82.1	83.4	96.1
2	龙一$_1^3$	3870.5	3881.8	11.3	97.5	82.8	83.7	97.4
3	龙一$_1^2$	3881.8	3888.8	7.0	97.7	82.6	83.9	96.9
4	龙一$_1^1$	3888.8	3891.2	2.4	97.5	81.2	84.0	94.5
	龙一$_1$	3858.3	3891.2	32.9	97.0	82.4	83.7	96.6
5	五峰组	3891.2	3898.1	6.9	98.2	81.9	84.2	95.9

表 4-4-5 Z2-2 井三向主应力实验测量结果

井号	层位	深度 m	三向主应力，MPa			水平应力差 MPa
			水平最大	水平最小	垂向	
Z2-2 井	龙一$_1^1$	3889.58~3889.82	106.51	87.17	99.20	19.34
	五峰组	3893.41~3893.61	107.37	87.56	99.20	19.81

4.4.2.3 小型压裂测试评价

Z2-1-H1 井主压裂前对第一级进行了小型压裂测试，测试最高施工压力为 108MPa，最高施工排量为 11.54m³/min。累计注入冻胶 57m³、滑溜水 289m³。压后瞬时停泵压力为 70.7MPa，压降观察 26min，压力下降至 16.08~54.62MPa，分析结果见表 4-4-6、表 4-4-7。

通过小压分析认识到地层对排量及高黏度冻胶反应敏感，最大排量为 11.54m³/min 时炮眼摩阻约 3.3MPa，近井摩阻高达 16MPa，致使井口压力高，施工难度大。后续压裂需要采取控破裂技术，控制近井裂缝起裂，减少无效微裂缝的开启。泵注程序上增加段塞数量，以堵塞层理面，降低压裂液漏失，并且打磨孔眼，降低近井摩阻，后续各级压裂成效显著。

表 4-4-6 Z2-1-H1 井孔眼摩阻拟合结果

序号	排量 m³/min	压力 psi	总摩阻 psi	孔眼摩阻 psi	孔眼摩阻 MPa	净压力 psi	净压力 MPa
1	11.54	15587	5336	488	3.37	2384	16
2	9.64	14834	4583	341	2.35	2348	16
3	7.61	14032	3781	213	1.47	2223	15
4	5.8	13172	2921	123	0.85	1892	13
5	3.4	1183	1732	42	0.29	1269	9
6	1.3	10880	629	6	0.04	488	3

表 4-4-7　Z2-1-H1 井小型压裂测试分析结果

参数	数值
射孔段垂深 TVD，m	4368.85
最大施工压力，MPa	108
平均施工压力，MPa	97.8
最大施工排量，m³/min	11.54
平均施工排量，m³/min	7.2
ISIP，MPa	70.7
近井扭曲摩阻，MPa @ 11.54m³/min	16
近井孔眼摩阻，MPa @ 11.54m³/min	3.3
裂缝漏失类型	多裂缝漏失

4.4.2.4　压裂施工曲线分析

（1）Z2-1 井施工分析。

结合 Z2-1 井地应力实验结果（表4-4-8），最小水平主应力为91~93MPa，微注测试分析结果与岩石力学实验结果较为吻合。微注测试、测试压裂以及压裂施工曲线分析均表明缝内净压力在10MPa左右，介于室内实验水平应力差值（5MPa）和测井解释水平应力差值（14MPa）之间，缝内净压力较小，不利于形成复杂缝，缝内净压力统计表见表4-4-9。

表 4-4-8　Z2-1 井岩石力学实验结果

井深	三向主应力，MPa			三向主应力梯度，MPa/m		
m	最大水平	最小水平	垂向	最大水平	最小水平	垂向
4352.98~4353.22	98.58	93.13	111.88	0.0226	0.0214	0.0257
4362.13~4362.35	98.94	93.62	112.11	0.0227	0.0215	0.0257
4367.84~4368.02	96.40	91.06	112.11	0.0221	0.0208	0.0251

表 4-4-9　Z2-1 井净压力统计表

段号	停泵压力 MPa	井底处理压力 MPa	最小主应力 MPa	净压力 MPa
微注测试	57.8	100.85	91.1	10.3
测试压裂	59.7	103.4	93.1	10.3
第二段	62.0	105.5	93.6	11.9

（2）Z2-2 井施工分析。

Z2-2 井在微注测试及小型压裂测试基础上，对目的层进行了主压裂施工，共注入地层液量2232m³，其中酸液30.05m³、交联液154.45m³、滑溜水2047.50m³；共加入支撑剂81.68t，其中70/140目石英砂38.68t、40/70目陶粒43.00t；施工排量为13~13.2m³/min，最高为13.2m³/min，施工压力为68.5~71.3MPa，最高为76.0MPa，停泵压力为52.3MPa。相较于设计，Z2-2 井实际压裂液、70/100目粉砂用量与设计相差不大，但40/70目陶粒实际加入量明显低于设计（表4-4-10）。

表 4-4-10　Z2-2 井施工参数对比

项目	液体, m³				陶粒, t			施工排量 m³/min
	滑溜水	交联液	盐酸	合计	70/140 目石英砂	40/70 目陶粒	合计	
设计	2000	150	20	2170	40	80	120	12~14
实际	2047.5	154.45	30.05	2232	38.68	43.00	81.68	13~13.2

Z2-2 井主压裂施工的净压力在 10MPa 左右，低于水平应力差值（表 4-4-11）。采用 StmPlan 软件对施工曲线拟合结果显示，压裂缝长达 401m。

表 4-4-11　Z2-2 井水平应力差分析结果

层位	测井解释			室内实验		
	最大水平主应力 MPa	最小水平主应力 MPa	水平应力差 MPa	最大水平主应力 MPa	最小水平主应力 MPa	水平应力差 MPa
龙一$_1^4$	96.2	82.1	14.1	—	—	—
龙一$_1^3$	97.5	82.8	14.7	—	—	—
龙一$_1^2$	97.7	82.6	15.1	—	—	—
龙一$_1^1$	97.5	81.2	16.3	106.51	87.17	19.34
五峰组	98.2	81.9	16.3	107.37	87.56	19.81

4.4.2.5　Z2-1-H1 井施工分析

Z2-1-H1 井设计压裂级数为 29 级，单级射孔簇数为 3 簇，单簇长 1m，单级压裂液量 1598~2065m³，平均为 1992m³，单级加砂量 60~105t，平均为 92t，泵注排量 12~12m³/min，最高砂浓度 210kg/m³。

Z2-1-H1 井在第一级小型压裂测试基础上，成功实施压裂 29 级，单簇长 0.3~1m，实际单级液量 1220~2478m³，平均为 1976m³，单级加砂量 24~107t，平均为 83t，施工压力及加砂难度高于预期，致使胶液用量高出设计 26%，加砂量仅完成 90%，且 40/70 目陶粒远低于设计量。该井先期探索对 3 段、4 段和 5 段采用了暂堵转向剂。

从起裂压力、最高排量，巷道对应的目的层位有差异，尤其是靠近水平段根端位置变差；从施工整体压裂来看，靠近根端多微裂缝或薄弱面存在，过渡层/交错层存在；结合临界砂浓度来看，靠近水平段指端位置地层整体显示要好一些，压力和排量在指端表现稍逊，分析认为是受到了射孔段/簇的影响。

在原压裂方案地质模型基础上，对各级压裂施工参数进行了修正与再拟合，结果显示各射孔簇均得到较好改造。

4.4.2.6　Z2-2-H1 井施工分析

Z2-2-H1 井设计压裂级数为 29 级，单级射孔簇数为 3 簇，单簇长 1m，单级压裂液量 1850m³，单级加砂量 120t，泵注排量 12~14m³/min，最高砂浓度 160kg/m³。

实际单级液量 1753~2020m³，平均为 1866m³，单级加砂量 40.1~141.1t，平均为 114.6t，其中 10~12 级、14 级、17 级、20 级、22 级、23 级、26 级和 28 级采用了暂堵转向剂。

以第 11 级为例进行压后拟合与设计对比分析，该级压裂净液量 2007.4m³，加砂量 120.1t（70/140 目砂 38.5t、40/70 目陶粒目 81.6t）。拟合结果显示，在暂堵剂的作业下，各射孔簇改造均衡性较好，但整体包络性低于原设计。

4.4.2.7 微地震监测评价

（1）监测评价整体情况。

页岩气层压裂不同于常规砂岩层，通过清水压裂液高排量注入，打碎页岩层形成复杂裂缝网络是实现高产稳产的核心思想。评价压裂改造程度，除常规的缝长外，需要用裂缝带体积（SRV）进行更全面的表征。渝西地区先后对 Z2-1-H、Z2-2-H、Z2-3 和 Z2-6 四口井压裂全程进行了微地震监测，总体显示裂缝呈北西—南东向展布，裂缝带长最大可达 540m，而缝宽最大为 180m，表明段间压裂干扰较为严重。各井先后试验了暂堵剂，除 Z2-1-H 井效果显著外，Z2-2-H 及 Z2-3 井效果一般。从裂缝复杂程度判定，各井裂缝复杂程度偏低。四口井监测结果见表 4-4-12。

表 4-4-12　各监测井结果对比表

井号	Z2-1-H1	Z2-2-H1	Z2-3	Z2-6
监测方式	井下	地面	地面	地面
压裂级数	24	29	25	27
单级缝带长范围，m	203~305	207~481	200~540	90~480
单级缝带宽范围，m	33~96	58~180	65~117	70~260
监测体积，$10^4 m^3$	4098	11028	6179	—
单级体积范围，$10^4 m^3$	132~315	46.6~761	124~470	—
平均单级监测体积，$10^4 m^3$	171	297	247	—
裂缝方位，°	107~133	73~175	110~142	10~190
平均单级用液量，m^3	1961	1913	2311	2096
暂堵级数	3	10	12	—
有效级数	3	4	8	—
暂堵平均体积，$10^4 m^3$	216	398	328	—

（2）施工排量与效果评价。

从微地震事件来看，Z2-3 井区域微裂缝发育，未监测到明显的规模天然裂缝响应。该井净压力高，平均为 28~33MPa，高于地层水平主应力差（17~20MPa），可有效促进裂缝扩展。大排量施工可沟通微裂缝，促进裂缝延伸，形成复杂缝网。

（3）工艺效果评价情况。

为评价示范区加砂模式及暂堵剂对改造体积的影响，Z2-1-H1 井各级压裂时采用了 6 种加砂模式及暂堵剂。各工艺下监测压裂改造体积见表 4-4-13。

表 4-4-13　各工艺监测体积对比

加砂模式	级数	产气量 m^3/d	均值 m^3/d	监测体积 $10^4 m^3$	均值 $10^4 m^3$
加砂模式1：	3	1721.7	1867.5	236	198
粉砂-100目粉陶-40/70目陶粒	11	2013.28		159.98	

加砂模式	级数	产气量 m³/d	均值 m³/d	监测体积 10⁴m³	均值 10⁴m³
加砂模式2： 粉砂-100目粉陶	6	1721.7	2838.5	314.55	178
	7	1721.7		159.75	
	12	2664.76		143.78	
	13	3213.61		141.3	
	14	4870.91		139.05	
加砂模式3： 粉砂-100目粉陶-粉砂-100目粉陶	15	5042.6	2374.4	148.28	166
	17	4003.63		136.1	
	18	1028.79		182.25	
	19	2247.98		171.45	
	20	1291.21		193.95	
	21	2274.7897		178.43	
	22	731.473		150.52	
加砂模式4： 粉砂-40/70目陶粒-100目粉陶	8	1721.7	2911.7	131.85	173
	9	4101.74		182.7	
加砂模式5：粉砂-40/70目陶粒	5	1721.7	1721.7	203.18	203
加砂模式6：粉砂-40/70目陶粒-100目 陶粒-粉砂-40/70目陶粒	23	1242.88	1242.88	144.22	
暂堵剂	3	1721.7	1721.7	236	216
	4	1721.7		210.83	
	5	1721.7		203.18	

通过对比分析，Z2-1-H1井SRV分布特点如下：

①不同加砂模式导致裂缝扩展与充填方式不同，产生的SRV与加砂量也不同。整体上来看，15~22段压裂方式产生SRV较高，加砂量也较大。

②不同层位也会导致SRV与加砂量关系出现变化，如23段、24段五峰组压裂SRV比先前压裂段略有减小，但加砂量出现明显减小。

③40/70目陶粒的添加可能也会影响加砂量，压裂中间阶段添加40/70目陶粒可能会导致已形成压裂裂缝无法被充填，导致加砂量较低。

④暂堵剂的使用可能会影响加砂效果，如第6段SRV较高加砂量较低，这可能是由于暂堵剂对未填砂裂缝或主缝起到堵塞效果引起的。

⑤前8段压裂层位变化频繁，采用的施工方式也较多，各段间SRV变化较大。

⑥9~17段SRV相对较低，但缝网内部改造较充分，加砂量较高。

⑦18~22段采用新加砂模式，SRV有一定提高。

⑧23段、24段为五峰组，压裂裂缝复杂度较低，SRV有一定降低。

不同压裂区块SRV对比：Z2-1-H1井为深层页岩气井，压力系数较高，裂缝长度较小，和浅层页岩气井组相比该井SRV较低。同时由于该井射孔簇孔数整体较低，导致宽度较窄，SRV较低。

通常来说，天然裂缝发育的地区 SRV 相对较高，但 Z2-1-H1 井组基本不受天然裂缝影响，故 SRV 较低。

其他页岩气井组为多井拉链式压裂，井间压裂裂缝可能会互相影响，导致井组中单井 SRV 较高。

（4）暂堵工艺效果分析。

Z2-1-H1 井第 3、第 4 和第 5 段压裂期间采用了暂堵剂，效果均较好。

Z2-2-H1 井第 10 至 12、第 14、第 17、第 20、第 22、第 23、第 26 和第 28 段共十级压裂期间采用了暂堵剂，其中第 10、第 12、第 14、第 28 段效果好，第 11、第 17、第 20、第 23 段效果较好，第 22、第 26 段无效（表 4-4-14）。

表 4-4-14　Z2-2-H1 井使用暂堵剂段统计表

段序号	是否暂堵	暂堵效果	段序号	是否暂堵	暂堵效果	段序号	是否暂堵	暂堵效果
1	—	—	11	是	较好	21	—	—
2	—	—	12	是	好	22	是	无
3	—	—	13	—	—	23	是	较好
4	—	—	14	是	好	24	停泵转向	无
5	—	—	15	—	—	25	—	—
6	—	—	16	—	—	26	是	无
7	—	—	17	是	较好	27	—	—
8	—	—	18	—	—	28	是	好
9	—	—	19	—	—	29	—	—
10	是	好	20	是	较好			

Z2-3 井共计 12 段压裂施工加入暂堵剂，其中 8 段取得暂堵转向效果（4 段效果明显），3 段暂堵效果不明显，1 段微地震事件少，无法评价暂堵效果。评价显示暂堵转向可促进裂缝扩展，加大缝网的复杂程度。加入转向剂后，各段的平均 SRV 和裂缝复杂指数较未加入暂堵剂的压裂段分别高 25% 和 37%。裂缝复杂指数显示有 17 段形成了复杂裂缝，8 段形成了网络裂缝。高于 Z2-1-H1，略低于 Z2-2-H1。

4.4.2.8　生产测井评价

Z2-1-H1 井利用 GR、CCL、温度、流动压力测试，并沿井筒截面的 6 个持水率、6 个持气率、5 个微转子流量综合解释后，分析了沿水平井段的总产气/液剖面，各射孔簇/各级的气产量贡献和液产量贡献。在测试过程中，地面计量产气采用了 $3 \times 10^4 m^3/d$ 和 $5 \times 10^4 m^3/d$ 两个工作制度。

（1）$3 \times 10^4 m^3/d$ 工作制度下产量构成情况。

地面计量产量为 $3 \times 10^4 m^3/d$ 的工作制度下，水平井 FSI 产剖测试结果如下：

①水平井生产测试，测试区间为第 8~24 段。

②产气剖面解释结果来看，第 8 段到第 24 段均有产气量贡献，第 9、第 11~15、第 17、第 19、第 21 段产气贡献比例较高。

③第 8~24 段内，有个别簇没有产气贡献。

④按照24级压裂，第9、第11~15、第17、第19、第21段产量高于平均产量，第22段产气量低于平均产量的1/3。

（2）$5×10^4m^3/d$工作制度下产量构成情况。

地面计量产量为$5×10^4m^3/d$的工作制度下，水平井FSI产剖测试结果如下：

①水平井生产测试，测试区间为第9~24段。

②产气剖面解释结果来看，第9段到第24段均有产气量贡献，第9、第12~15、第17、第19、第21段产气贡献比例较高。

③第9~24段内，有个别簇没有产气贡献。

④按照24级压裂，第9、第11~15、第17、第19、第21段产量高于平均产量，第22段产气量低于平均产量的1/3。

⑤第9~24段中产量高于平均产量的6段（15、16、9、17、13、12）产量和占总产量的62%。

（3）两种工作制度下产量构成特征及变化情况。

地面计量产气$3×10^4m^3/d$与$5×10^4m^3/d$下产剖测试结果显示，各级产气量都增加，只是增加幅度有差异，无明显相互抑制现象。两种制度下9、14、15及17段产量均为主力产段，分别占总产量的30.5%和34.4%；另外第12段和13段，在$5×10^4m^3/d$制度下产气量排名分别升至第5和第6位。总体来说，两种制度下前6个主力段（总段数的¼），两种工作制度下产量分别占总产量的41.1%和45.6%；前8个主力段（总段数的⅓），两种工作制度下产量分别占总产量的50.5%和54.2%（表4-4-15）。与涪陵区块⅓的段数产气量占总产量的⅔的构成特征相比，均衡性稍好。

表4-4-15　产剖测试结果对比

级数	日产气量$3×10^4m^3$，%	日产量$5×10^4m^3$，%	绝对产量增加比例，%
24	1.86	2.3	1.22
23	1.92	2.37	1.21
22	1.23	1.39	1.03
21	5.36	4.34	0.45
20	3.39	2.46	0.3
19	5.25	4.29	0.47
18	2.75	1.96	0.28
17	5.83	7.63	1.35
16	2.73	1.95	0.29
15	8.72	9.61	0.98
14	9.71	9.29	0.72
13	4.63	6.13	1.38
12	4.5	5.08	1.03
11	4.75	3.84	0.45
10	1.92	3.29	2.07
9	6.27	7.82	1.24

级数	日产气量 $3×10^4m^3$，%	日产量 $5×10^4m^3$，%	绝对产量增加比例，%
8	3.61		
7			
6			
5	1~7级 均3.28（总25.57）	1~8级 均3.65（总26.26）	1~8级增加比例 0.62
4			
3			
2			
1			

4.4.2.9　示踪剂监测评价

Z2-3 井分 25 段进行加砂压裂，在每段进行压裂过程中，伴随压裂液每段泵入一种特有的示踪剂，共加入 25 种。压后共采集气样 10 个，实验室对 10 个样品进行检测分析。通过检测示踪剂分析各段产气占比，根据各段每个取样点的产气占比结合取样点的井口日产气量即可得到各段日产气量。根据产剖测试结果并结合日产气量，可得到分段日产量曲线：各段测试初期日产气波动较大，后期产量逐渐趋于稳定（图 4-4-3）。

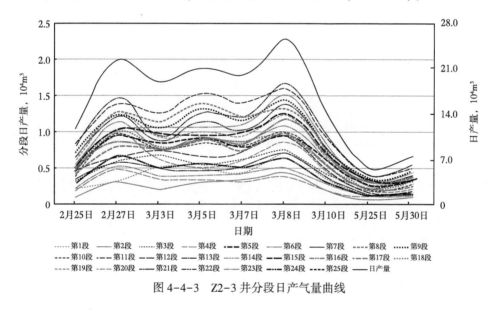

图 4-4-3　Z2-3 井分段日产气量曲线

（1）分段日产气量曲线。

2019 年 3 月 4—8 日用 7mm 油嘴放喷测试获气 $21.3×10^4m^3$，用 3 月 5—8 日三个取样点的平均日产气量对各段日产气量进行分级：第 7~9、第 10、第 11、第 14、第 15、第 19 段共 8 段日产量不小于 $1×10^4m^3$，占总段数的 32.0%，日产量占全井段的 45.3%（表 4-4-16）；第 1、第 3~6、第 12、第 13、第 16~18、第 20~22、第 25 段共 14 段日产量为 $0.5×10^4~1×10^4m^3$，占总段数的 56.0%，日产量占全井段的 49.6%；第 2、第 23、第 24 段共 3 段日产量小于 $0.5×10^4m^3$，占总段数的 12.0%，日产量占全井段的 5.1%。

163

表 4-4-16　各段测试日产气量分级

产量分级	层位	段数	段号	总产量 $10^4 m^3$	占总段数百分比 %	占产量百分比 %
产量≥1×10⁴m³	龙一₁¹	8	7~9、10、11、14、15、19	1.25	32.0	45.3
0.5×10⁴m³≤产量<1×10⁴m³	龙一₁¹	14	1、3~6、12、13、16~18、20~22、25	0.78	56.0	49.6
产量<0.5×10⁴m³	龙一₁¹⁺²	3	2、23、24	0.38	12.0	5.1

（2）动态产气剖面。

2019 年 2 月 25 日—5 月 30 日共计 10 个样品检测结果如下（图 4-4-4）：

从各段产气状况看，各段均见气；

从各段产气水平看，第 7、第 8、第 10、第 11、第 14、第 15 段产气占比相对较高，产气贡献主要在 5% 左右波动，其余段产气贡献基本在 5% 以下；

从各段产气变化情况看，水平段前半部产气占比主要呈下降趋势，其中第 24、第 25 段中后期递减较快；水平段后半部产气占比主要呈上升趋势，第 3、第 4、第 7 段中后期产量上升较明显。

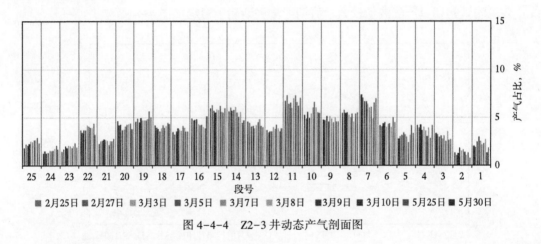

图 4-4-4　Z2-3 井动态产气剖面图

（3）平均产气剖面。

根据 Z2-3 井各段产出剖面的累计平均值，可以得到各段的平均产气剖面（图 4-4-5）。

①产气贡献≥5%：第 7、第 8、第 10、第 11、第 14、第 15 段，6 段产气贡献 35.5%；

②3%≤产气贡献<5%：第 3~6、第 9、第 12、第 13、第 16~20、第 22 段，13 段产气贡献 52.3%；

③产气贡献<3%：剩余 6 段产气贡献 12.2%，其中第 2、第 23、第 24 段测试期间产气占比在 2% 以下，相对低产。

（4）综合分析。

从储层孔隙度、TOC、脆性指数、天然裂缝发育状况等物性参数，加砂量、暂堵压裂工艺等方面，分析其对 Z2-3 井各段产气占比的影响。

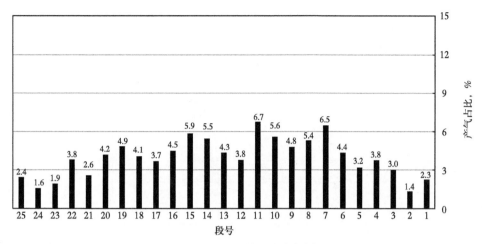

图 4-4-5　Z2-3 井平均产气剖面

①物性对产气效果的影响。

从 Z2-3 井孔隙度、TOC 与各段产气占比的散点图上看，孔隙度、TOC 与产气占比有较好的正相关性（图 4-4-6、图 4-4-7）。

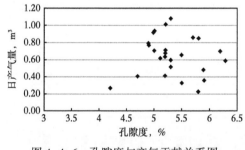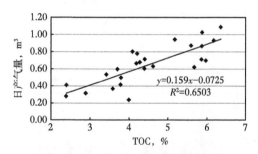

图 4-4-6　孔隙度与产气贡献关系图　　　　图 4-4-7　TOC 与产气贡献关系图

②压裂施工参数对产气贡献的影响。

通过 Z2-3 井统计对比，压裂施工参数中各段加砂量对产气贡献影响较为明显（图 4-4-8）。从各压裂段的加砂组分来看，25 段中有 6 段 40/70 目陶粒加入量低于 60t。

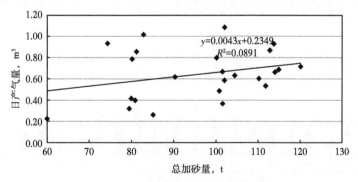

图 4-4-8　加砂量与产气贡献关系图

165

龙一$_1^1$小层中有 4 段 40/70 目陶粒加入量低于 60t，平均为 44.4t，，平均产气占比 3.4%；其余 19 段 40/70 目陶粒平均加入量为 75.2t，平均产气占比 4.3%。两相对比，陶粒加入量少 30.2t，平均产气贡献低 16.3%（表 4-4-17）。

龙一$_1^2$小层的 2 段 40/70 目陶粒加入量均低于 60t，平均产气占比仅为 2.0%。

表 4-4-17 Z2-3 井加砂组分与产气贡献对比表

层位	段数	段号	70/140 目石英砂平均加入量 t	40/70 目陶粒平均加入量 t	平均单段加砂量 t	产气占比 %	平均产气贡献 %
龙一$_1^1$	19	1、3~8、11~22	28.2t	75.2	103.4	2.3~6.7	4.3
	4	2、9、10、23	29.1	44.4	73.5	1.4~5.6	3.4
龙一$_1^2$	2	24、25	28.6	54.5	83.1	1.6~2.4	2.0

③天然裂缝对产剖测试结果的影响。

Z2-3 井测井解释天然裂缝可能发育分段为第 7、第 10~12、第 16~22 段，共计 11 段 562m。产剖测试结果表明，11 个裂缝发育段平均产气占比 4.6%，其余 14 个裂缝不发育段平均产气占比 3.6%。两相对比，裂缝发育段产气贡献高 27.8%（表 4-4-18、图 4-4-9）。

表 4-4-18 Z2-3 井各段产气贡献对比表

分类	段数	段号	产气占比，%	平均产气占比，%
裂缝发育段	11	7、10~12、16~22	2.6~6.7	4.6
裂缝不发育段	14	1~6、8、9、13~15、23~25	1.6~5.9	3.6

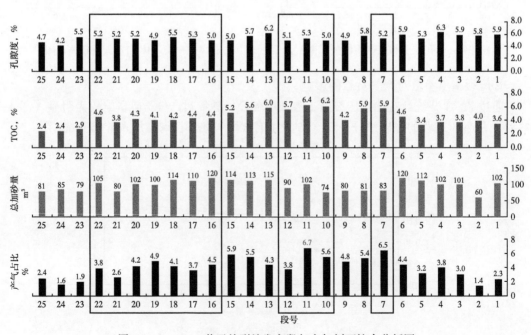

图 4-4-9 Z2-3 井天然裂缝发育段与产气剖面综合分析图

④暂堵压裂对产气贡献的影响。

在 25 段压裂施工过程中对第 7、第 10、第 11、第 14~20、第 22、第 25 段共 12 段采用暂堵压裂工艺，各段加入暂堵剂 200~300kg。11 个天然裂缝可能发育段中有 9 段应用暂堵压裂工艺，第 12、第 21 段 2 段未采用暂堵压裂工艺。

不同层位暂堵压裂工艺措施效果对比：龙一$_1^1$ 小层有 11 段采用暂堵压裂工艺，平均产气贡献 5.0%，其余未采用暂堵压裂工艺的 12 段平均产气贡献 3.4%，两相对比，应用暂堵压裂工艺的段平均产气贡献高 47.1%；龙一$_1^2$ 小层 2 个分段中第 25 段采用暂堵压裂工艺，产气贡献 2.4%，未采用暂堵压裂工艺的第 24 段产气贡献 1.6%。两相对比，应用暂堵压裂工艺平均产气贡献高 50%（表 4-4-19）。

表 4-4-19　不同层位暂堵压裂工艺措施效果分析对比

层位	分类	段数	段号	产气占比，%	平均产气占比，%
龙一$_1^1$	未暂堵段	12	1~6、8、9、12、13、21、22	1.9~5.4	3.4
	暂堵段	11	7、10、11、14~20、22	3.7~6.7	5.0
龙一$_1^2$	未暂堵段	1	24	1.6	1.6
	暂堵段	1	25	2.4	2.4
合计		25		1.6~6.7	4.0

天然裂缝可能发育段采用暂堵压裂工艺措施效果对比：第 7、第 10、第 11、第 16~20、第 22 段 9 个天然裂缝可能发育段应用暂堵压裂工艺，平均产气贡献为 4.9%。第 12、第 21 段 2 个天然裂缝可能发育段未采用暂堵压裂工艺，平均产气贡献只有 3.2%，两相对比，应用暂堵压裂工艺平均产气贡献高 53.1%（表 4-4-20）。

表 4-4-20　天然裂缝可能发育段暂堵压裂工艺措施效果分析对比

分类	段数	段号	产气占比，%	平均产气占比，%
未加暂堵剂段	2	12、21	2.6~3.8	3.2%
加暂堵剂段	9	7、10、11、16~20、22	3.7~6.7	4.9%

4.4.2.10　试井解释评价

示范区先后对 Z2-2 井、Z2-1-H1 井及 Z2-2-H 井进行了地层测试和压恢测试，总体显示储层基本无伤害，储层为异常高压。

试井解释显示 Z2-1-H1 井压后 SRV 偏小，裂缝复杂程度偏低，生产期间渗流阻力主要消耗于储层，储层导流能力偏低。

Z2-1-H1 井压力导数双对数曲线斜率为½，呈现出大裂缝无限导流的渗流特征，表明本次压裂主要形成了分布相对简单的大裂缝系统，未明显形成压力导数双对数曲线斜率为¼的复杂网状缝；关井压力恢复 15.5h 后逐步过渡到裂缝系统拟径向流阶段，也表明主要形成了流动能力强的大裂缝系统；本次压裂形成的裂缝平均半长为 38.77m，表明本次压裂整体改造范围有限；压力恢复拟合精度高，外推压力可靠，折算至产层中深处压力为 83.20MPa，压力系数为 1.91（表 4-4-21）。

表 4-4-21　试井分析结果

参数	解释结果	
	Z2-2 井	Z2-1-H1 井
地层压力，MPa	66.18（垂深 3645.56m）	63.41（垂深 4374.08m）
地压系数	1.82	1.91
地层温度，℃	101.18（中部垂深 3645.56m）	132.3（中部垂深 4374.08m）
井储系数 C，m^3/MPa	0.371	0.27
总表系数 S	−2.29	0.648
平均渗透率 K，mD	0.055	0.0235
地层系数 Kh，$mD \cdot m$	1.36	0.494
弹性储能比 ω	0.013	4.11×10^{-6}
窜流系数 λ	5.22×10^{-6}	2.22×10^{-9}
裂缝半长，m		38.77
边界距离，m		1980
模型	恒定井储+双孔储层+无穷大地层	恒定井储+压裂水平井+双孔拟稳定+圆形封闭边界

　　Z2-1-H1 井通过井底流压、静压的测定，表明该井生产期间流动摩阻主要消耗于储层，近井筒裂缝导流能力偏低，渗流环境未充分改善。

　　通过调研分析，结合渝西地区页岩目的层特征，在示范区进行了偶极子横波测井资料估算地应力方位、微地震监测、生产测井、净压力拟合、试井、示踪剂监测及生产测井分析等技术对区域压裂改造井裂缝走向、长度、体积及改造实效等参数进行了评价。对储层可压裂性、工艺适应性，储层生产潜力评价等提供了重要指导。通过评价认识到区域目的层为异常高压层，示范区最大主应力方向为北东—南西向，且水平应力差大，近 20MPa。通过高施工排量，可有效提高缝内净压力。经综合评价与验证，施工压力增加幅度有限，仅 10MPa 左右，不利于改造缝网体积的提高。通过采用低黏压裂液及暂堵转向技术可有效提高改造缝网体积，进而提高产量。施工参数（施工压力、支撑剂浓度、支撑剂粒径等）、裂缝监测缝网复杂性、试井解释分析及生产测试均证实储层裂缝复杂程度偏低，储层导流能力偏低，为示范区压裂工艺优化提出了更高的要求。

4.4.3　压后效果综合评价方法

4.4.3.1　压裂效果影响参数选取

　　根据页岩储层特点，页岩气主要储集在溶孔、裂隙和基质中，以游离气和吸附气的形式存在，压裂产气量与储层的发育情况和压裂施工情况直接相关。储层的发育情况与岩性、含气性、录井显示、孔隙度有关。孔隙度的大小主要是通过电性特征参数来反映出来，比如补偿声波、补偿中子、补偿密度等。另外还应该考虑能够反映泥质含量多少的自然伽马值和 TOC 的大小。另外，页岩气的成功开发离不开水平井完井及分段压裂技术的革新，压裂施工工艺及参数直接影响储层的改造效果。目前各井主体工艺相同，区别主要在于施工参数，主要是滑溜水液量、施工排量、加砂量、段间距、射孔段长及返排液量等。

4.4.3.2 压裂产量影响因素分析

现行压裂效果影响评价基本以井为单元进行分析评价，对于研究区而言，目前压裂井数仅 3 口，无法以井为单元进行分析评价。为此以 Z2-1-H1 井为例，按压裂段为单元进行分析评价，从地质参数和工程参数两方面进行分析。影响因素排序优选采用了简单相关和相关关系分析方法，以各压裂段的地质参数和工程参数为自变量，以各压裂段产气量为因变量，并以线性拟合的相关系数及片相关系数为排序依据，部分单参数相关性分析图如图 4-4-10 至图 4-4-13 所示。

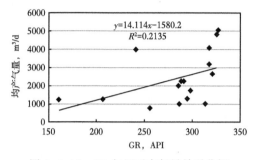

图 4-4-10　GR 与压后产气量关系分析

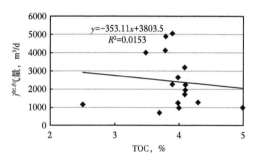

图 4-4-11　TOC 与压后产气量关系分析

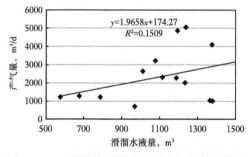

图 4-4-12　滑溜水液量与压后产气量关系分析

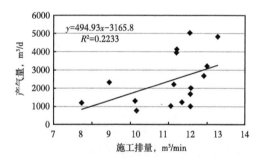

图 4-4-13　施工排量与压后产气量关系分析

产量的主要影响因素排序结果是射孔段长、声波时差、施工排量、自然伽马、全烃、滑溜水液量、脆性指数、段间距、补偿密度、总有机碳含量、总加砂量、总含气量。

射孔段长直接影响人工裂缝的开启及有效延伸。Z2-1-H1 井初始段射孔段较长，多裂缝特征明显，加之储层本身延伸压力高，影响压裂施工。现场被迫调整各射孔簇长，仅采用了 0.9m 和 1.6m 两种总射孔段长，实际来看明显降低了施工难度，产量上看 1.6m 效果明显优于 0.9m。由于缺乏 3m 以内的其他总射孔长效果样本，后续趋势未知。仅从 Z2-2-H1 井 3m 射孔（均段间距 53m）总长下裂缝监测图分析，显示段间缝网重叠较明显，可能是段间距过小，也可能是射孔段过长所致。加之目前各开发区对单段的射孔总长基本一致，难以进行差异化实施。为此，射孔段长不作为选取的参数。

4.4.3.3 压后效果评价方法研究

根据前面单井产量影响因素分析结果。影响压后产量的主要影响因素是声波时差、施工排量、自然伽马、全烃、游离气含气量、滑溜水液量，次要影响因素是脆性指数、段间距、补偿密度、总有机碳含量、总加砂量、总含气量。将主要影响因素最高分定为 10 分（表 4-4-22），次要影响因素最高分定为 5 分（表 4-4-23）。结合柱状图显示的各指标分阶段对压裂效果的影响程度进行量化取值，计算制定了选层系数图版（图4-4-14），选层系数与产气量具有一定正相关性，单级平均日产气量2376m³对应选层系数为64。

表4-4-22　主要影响因素赋分表（5~10）

声波时差 μs/m	赋值	施工排量 m³/d	赋值	自然伽马 API	赋值	全烃 %	赋值	滑溜水液量 m³	赋值
<65.0	5	<10	7	<210	5	<10.0	5	<1000	5
65.0~66.0	7	10.0~11.0	8	210~280	7	10.0~19.0	8	1000~1100	9
66.0~67.0	8	11.0~12.0	9	280~300	8	19.0~25.0	9	1100~1300	10
≥67.0	10	≥12.0	10	≥300	10	≥25.0	10	≥1300	8

表4-4-23　次要影响因素赋分表（2~5）

脆性指数 %	赋值	段间距 m	赋值	补偿密度 g/cm³	赋值	TOC %	赋值	总加砂量 m³	赋值	总含气量 m³/t	赋值
<40	2	<56	2	<2.35	4	<3.0	2	<50	2	<3.0	2
40~45	5	56.0~60.0	3	2.35~2.38	3	3.0~4.0	5	50.0~80.0	5	3.0~4.0	5
45~50	4	60.0~65.0	4	2.38~2.43	5	4.0~4.2	4	80.0~100.0	3	4.0~4.5	5
≥50	3	≥65.0	5	≥2.43	3	≥4.2	3	≥100.0	4	≥4.5	4

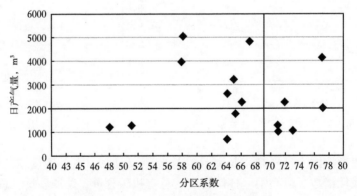

图4-4-14　产量影响分区系数图版

4.4.3.4　Z2-3井应用评价情况

Z2-3井分25级进行了压裂改造，对各级压裂分区系数进行应用分析，显示该井各级分区系数与产气量具有较高的线性相关性。单级平均产气量6500m³/d对应分区系数界限值为60，高于60后产量贡献突出。

4.4.4　Z2-3井平台应用评价

在基于Z2-1-H1井资料建立的压裂效果评价方法基础上，在Z2-3平台分二轮次实施了4口井的压裂方案优化与现场应用，第一轮次为Z2-3井，第二轮次为Z2-3H1-1、Z2-3H1-2和Z2-3H1-3三口井。充分总结前期Z2-1-H1等井压裂情况，重点从段长（段间距）、压裂液用量、施工排量、射孔簇数及加砂量五项压裂关键参数上进行应用评价，主

170

体思路为"控制段长、加大液量、提升排量、增大射孔簇、增加砂量",探索与推广"低黏滑溜水、大排量、大液量、大砂量、密切割分段、连续+段塞式加砂工艺",整体效果显著,改造体积及压后测试产量均得到大幅提升。

4.4.4.1 Z2-3井先期应用情况

Z2-3 井于 2018 年 11 月完钻,完钻深度 5742m(斜)/4170m(垂),水平段长 1262m,呈下倾式,水平段钻进靶点 A 和 B 高差 52m。根据前期效果评价情况,对该井分 25 级进行压裂改造,每级段长 51~60m,平均段长 55m;滑溜水用量 2015~2408m³,平均为 2226m³;加砂量 60~120t,平均为 97t;施工排量 15~17m³/min,绝大部分为 17m³/min。压后测试最高日产气量 21.3×10⁴m³,对各级压裂分区系数进行应用分析,显示该井各级分区系数与产气量具有较高的线性相关性。单级平均产气量 6500m³/d 对应分区系数界限值为 60,高于 60 后产量贡献突出。

4.4.4.2 平台井扩展应用情况

Z2-3H1-1、Z2-3H1-2 和 Z2-3H1-3 三口井于 2019 年 12 月完钻,水平段长分别为 1500m、1500m 和 1516m。压裂方案优化时,三口井均分 25 级压裂,平均段长延用最佳段长范围(55~60m),着重对射孔簇数、加砂量、施工排量三项参数进行了大幅提升,射孔簇数由初期的 3 簇增至 8 簇,平均单段加砂量由 83t 增至 174t,施工排量由 13m³/min 增加至 20m³/min,并配合暂堵工艺加大密切割力度。2020 年 5 月全面完成三口井 75 级的连续压裂工作,压后测试产量 20.2~23.7m³/d,监测改造缝网体积 6129.6×10⁴~6433.0×10⁴m³,整体效果显著(表 4-4-24)。

表 4-4-24　示范区压裂参数优化与效果对比表

井号	Z2-1-H1	Z2-3	Z2-3H1-1	Z2-3H1-2	Z2-3H1-3
压裂级数(级)	24	25	25	25	25
平均段长,m	60(31~70)	55(51~60)	59(49~64)	60(58~62)	59.4(50~64)
射孔簇数	2.8(1~3)	3	7.6(3~8)	7.8(3~8)	7(3~8)
每段孔数	22(15~48)	35(24~40)	33(28~40)	34(32~40)	32(30~40)
平均滑溜水用量,m³	1257(554~1781)	2226(2015~2408)	1938(1521~2398)	2033(1694~2428)	1915(1584~2186)
平均加砂量,t	83(24~107)	97(60~120)	163(73~245)	174(119~206)	166(67~227)
施工排量,m³/min	11(8~13)	16.6(15~17)	19(17.5~20)	19(18~20)	18.8(17~19.4)
测试产量,10⁴m³/d	10.6	21.3	20.2	23.1	23.7
监测改造体积,10⁴m³	4098	6117	6026.4	6433.0	6129.6
平均缝带长,m	250	342	344.8	359.2	346.1
平均缝带宽,m	63	86	92.4	95.6	92.8
平均缝带高,m	41	109	65.28	66.6	66.7

5 渝西地区深层页岩气开发配套技术

本章以重庆地区中深页岩气藏压裂井为研究对象，根据深层储层特征、渗流机理和压裂改造效果，针对深层页岩气井产能评价和开发配套技术不成熟问题，按照单井开采技术优化、整体开发分析部署的思路开展研究，形成了先导试验开发方案，以有效指导现场开发。

5.1 页岩气井产能评价

本节在页岩气藏吸附解吸机理及微观运移规律的基础上，运用 Langmuir 等温吸附定律描述页岩气的吸附解吸过程，利用 Fick 第一及第二定律描述微孔壁表面解析气向孔隙内扩散的过程，建立了双重介质页岩气藏压裂水平井渗流模型。并利用点源的思想，结合 Laplace 变换等数学物理方法分别针对外边界为无限大的顶底封闭边界及顶底混合边界情况求取了页岩气藏压裂水平井拟压力连续点源解。通过杜哈美原理及 Blasingame 方法绘制了页岩气压裂水平井不稳定压力动态。

5.1.1 页岩气藏压裂水平井压力动态研究

引入 Fick 定律和 Langmuir 等温吸附定律来描述页岩气藏解析气扩散，在此基础上通过物质平衡原理及双重介质渗流规律建立了考虑吸附解析吸现象影响下的页岩气藏压裂水平井渗流数学物理模型。

5.1.1.1 页岩气藏压裂水平井渗流模型的建立

页岩气藏压裂水平井渗流物理模型如图 5-1-1 所示，其中 h 为厚度。在双重介质页岩

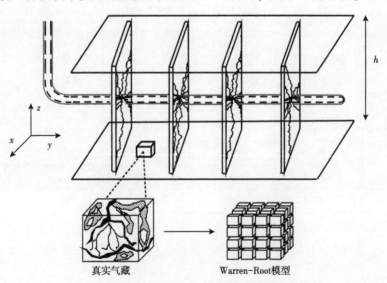

图 5-1-1 双重介质页岩气藏压裂水平井物理模型

储层的情况下，吸附态的页岩气从基质孔隙表面以拟稳态或非稳态扩散的形式向水力裂缝内运移，最后通过生产压差作用流入水平井筒内。

页岩储层为双重介质储层，原始地层压力为 p_i，顶底为封闭或混合，在储层中央有一口多级压裂水平井，且与气藏垂向边界平行，基本假设如下：

（1）页岩储层为双重介质储层，基于 Warren-Root 模型；（2）页岩气解析过程遵循 Langmuir 等温吸附方程；（3）解析气从页岩基质表面通过拟稳态扩散或非稳态扩散至水力裂缝系统，该扩散过程分别符合 Fick 第一及第二定律；（4）裂缝系统内的气体渗流过程符合达西定律，裂缝渗透率为 K_f；（5）忽略重力和毛细管力的影响；（6）页岩气藏中有一口压裂水平井，水力裂缝与水平井筒皆为无限导流，每条裂缝被划分为 $2n$ 段；（7）各条人工裂缝内压力分布均匀，地层内的流体以不同的流率沿水力裂缝方向流入水平井筒内；（8）压裂水平井以定井底压力生产。

采用 Fick 定律表征后的基质解析扩散方程来描述基质流动如下。

拟稳态扩散：
$$q_m = -G\rho_{sc}\frac{6\pi^2 D}{\varepsilon^2}(V_a - V) \tag{5-1-1}$$

式中，q_m 为页岩气藏基质扩散流速，kg/(m³·s)；G 为球形基质块几何因子；ρ_{sc} 为标准状况下的天然气密度，kg/m³；D 为基质块扩散系数，m²/s；V_a 拟稳态扩散中的气体平衡浓度，m³/m³；V 为水力裂缝中的气体平均浓度，m³/m³。

非稳态扩散：
$$q_m = \frac{\partial V}{\partial t} = \frac{3D}{R}\frac{\partial c_m}{\partial r_m}\bigg|_{r_m} = R \tag{5-1-2}$$

式中，c_m 为总质量密度，kg/m³；r_m 为球形基质系统径向半径，m；R 为页岩气藏球形基质块半径，m。

气体状态方程可以使用真实气体状态方程表示如下：
$$pV = nZRT \tag{5-1-3}$$

式中，p 为气体压力，Pa；V 为气体体积，m³；n 为气体摩尔质量，g/mol；Z 为气体偏差因子，无量纲；R 为摩尔气体常数，J/(mol·K)；T 为气体温度，K。

根据质量守恒定律原理，可以将运动方程和状态方程联系起来：

$$\frac{\partial}{\partial x}\left(\frac{p_f}{\mu_g Z}\frac{\partial p_f}{\partial x}\right) + \frac{\partial}{\partial y}\left(\frac{p_f}{\mu_g Z}\frac{\partial p_f}{\partial y}\right) + \frac{K_{fv}}{K_{fh}}\frac{\partial}{\partial z}\left(\frac{p_f}{\mu_g Z}\frac{\partial p_f}{\partial z}\right) - \frac{p_{sc}T}{k_{fh}T_{sc}\rho_{sc}}q_m = \frac{\phi_f}{K_{tf}}\frac{\partial\left(\frac{p_f}{z}\right)}{\partial t} \tag{5-1-4}$$

式中，p_f 为地层压力，MPa；μ_g 为气相黏度，mPa·s；k_{fv} 为裂缝垂向渗透率，D；K_{fh} 为裂缝水平渗透率，D；p_{sc} 为标准状况下的天然气压力，MPa；T 为气体绝对温度，K；T_{sc} 为气体绝对温度，K；x，y，z 为直角坐标系三个方向；ϕ_f 为储层孔隙度，%；t 为时间，h。

式（5-1-4）中右端还可以进一步化简，通过偏导数展开：

$$\frac{\phi_f}{K_{fh}}\frac{\partial\left(\frac{p_f}{z}\right)}{\partial t} = \frac{\phi_f}{k_{fh}}\left[\frac{1}{z}\frac{\partial p_f}{\partial t} + p_f\frac{\partial}{\partial t}\left(\frac{1}{Z}\right)\right] = \frac{\phi_f}{K_{fh}}\left[\frac{p_f}{Z}\left(\frac{1}{p_f} - \frac{1}{Z}\frac{\partial z}{\partial p_f}\right)\frac{\partial p_f}{\partial t}\right] \tag{5-1-5}$$

气体压缩系数表示如下：

$$c_g = \frac{1}{p_f} - \frac{1}{z} \frac{\partial z}{\partial p_f} \qquad (5-1-6)$$

式中，c_g 为气体压缩系数，MPa^{-1}。

将式（5-1-5）代入原裂缝渗流微分方程中，可以得到如下表达式：

$$\frac{\partial}{\partial x}\left(\frac{p_f}{\mu_g Z} \frac{\partial p_f}{\partial x}\right) + \frac{\partial}{\partial y}\left(\frac{p_f}{\mu_g Z} \frac{\partial p_f}{\partial y}\right) + \frac{\partial}{\partial z}\left(\frac{K_{fv}}{K_{th}} \frac{p_f}{\mu_g Z} \frac{\partial p_f}{\partial z}\right) - \frac{p_{sc}T}{K_{fh}T_{sc}\rho_{sc}}q_m = \frac{\phi_f c_g p_f}{ZK_{fh}} \frac{\partial p_f}{\partial t} \quad (5-1-7)$$

引入拟压力函数：

$$m = \frac{\mu_i Z_i}{p_i} \int_{p_0}^{p} \frac{p_f}{\mu_g Z} dp_f \qquad (5-1-8)$$

式中，m 为拟压力系数；μ_i 为初始气体黏度，$mPa \cdot s$；Z_i 为初始状况下的气体偏差因子；p_i 为初始状况下的气体压力，MPa；p_0 为原始地层压力，MPa。

则式（5-1-7）变为如下形式：

$$\frac{\partial}{\partial x}\left(\frac{\partial m}{\partial x}\right) + \frac{\partial}{\partial y}\left(\frac{\partial m}{\partial y}\right) + \frac{\partial}{\partial z}\left(\frac{K_{fv}}{K_{fh}} \frac{\partial m}{\partial z}\right) - \frac{p_{sc}T\mu_i Z_i}{K_{fh}T_{sc}p_i\rho_{sc}}q_m = \frac{\phi_f C_g \mu_g}{K_{fh}} \frac{\partial m}{\partial t} \qquad (5-1-9)$$

对式（5-1-9）进行无量纲化后，可得：

$$\frac{\partial}{\partial x_D}\left(\frac{\partial m_D}{\partial x_D}\right) + \frac{\partial}{\partial y_D}\left(\frac{\partial m_D}{\partial y_D}\right) + \frac{\partial}{\partial z_D}\left(\frac{\partial m_D}{\partial z_D}\right) = \omega \frac{\partial m_D}{\partial t_D} + \frac{\sigma L^2}{K_{th}\rho_{sc}}(1-\omega)q_m \qquad (5-1-10)$$

式中，m_D 为无量纲拟压力；x_D，y_D，z_D 分别为无量纲 x，y，z 坐标；t_D 为无量纲时间；L 为水平井长度，m；σ 为解析气扩散参数团，s^{-1}；ω 为储容比。

对式（5-1-10）进行关于无量纲时间的 Laplace 变化：

$$\frac{\partial}{\partial x_D}\left(\frac{\partial \overline{m}_D}{\partial x_D}\right) + \frac{\partial}{\partial y_D}\left(\frac{\partial \overline{m}_D}{\partial y_D}\right) + \frac{\partial}{\partial z_D}\left(\frac{\partial \overline{m}_D}{\partial z_D}\right) = \omega w \overline{m}_D + \frac{\sigma L^2}{K_{fh}\rho_{sc}}(1-\omega)\overline{q}_m \qquad (5-1-11)$$

式中，$\overline{m}_D$ 为 Laplace 空间下的无量纲拟压力；$\overline{q}_m$ 为 Laplace 空间下的页岩气藏基质扩散流速，$kg/(m^3/s)$；s 为 Laplace 变量。

式（5-1-11）即为双重介质页岩气压裂水平井在 Laplace 空间下的数学模型表达式。

5.1.1.2 页岩气藏压裂水平井模型求解

基于假设，裂缝与水平井筒皆为无限导流，裂缝内任意微元段上的压力等同于其他微元段及水平井井筒的压力，但沿着人工裂缝方向上的流体流率不同。根据压降叠加原理，现在需要对裂缝段进行离散，具体做法如下：

沿 x 轴将每一条裂缝分为 $2n$ 个微元段，则一共存在 $2n+1$ 个端点，其端点坐标分别标记为 $(x_{Di,1}, y_{Di,j})$ 至 $(x_{Di,2n+1}, y_{Di,j})$，基于无限导流假设，将每一个微元段的压力等同于在其坐标中点的压力，于是可以得到微元段的中点坐标为 $(x_{mDi,1}, y_{Di,j})$ 至 $(x_{mDi,2n}, y_{Di,j})$，一共为 $2n$ 个中点坐标，其示意图如图 5-1-2 所示。

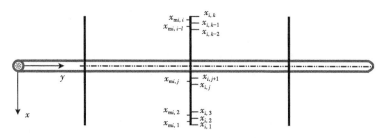

图 5-1-2　裂缝微元段离散示意图

在 Laplace 空间下对拟压力分别进行 z 方向上和裂缝微元段上的积分，有如下表达式：

$$\int_{x_{i,j}}^{x_{i,j+1}}\int_0^h \overline{m}_D dz dx_{wD} = \frac{\overline{\widetilde{q}}}{\phi_f \mu_g c_g}\frac{p_{sc}T}{T_{sc}}\frac{\mu_i Z_i}{2\pi h_p L^3 p_i}\int_{x_{i,j}}^{x_{i,j+1}}\int_0^h K_0(r_D\sqrt{f(s)}) +$$

$$2\sum_{n=1}^{\infty} K_0\left[r_D\sqrt{f(s) + \frac{n^2\pi^2}{h_D^2}}\right]\cos n\pi\frac{z_D}{h_D}\cos n\pi\frac{z_{wD}}{h_D}dz dx_{wD} \qquad (5-1-12)$$

式中，x_{wD} 为 x 坐标对应的持续点源值；h 为储层厚度，m；h_D 为无量纲储层厚度；r_D 为无量纲基质块半径；K_0 为初始渗透率，D。

引入无量点源强度如下：

$$\overline{\widetilde{q}}_D = L\frac{\overline{\widetilde{q}}}{\phi_f \mu_g c_g}\frac{p_{sc}T}{T_{sc}}\frac{\mu_i Z_i}{2\pi h_D L^3 p_i} = \frac{1}{s} \qquad (5-1-13)$$

由于：

$$\int_0^h \cos n\pi\frac{z_D}{h_D}dz = \frac{h}{n\pi}\sin n\pi\frac{z}{h}\Big|_0^h = 0 \qquad (5-1-14)$$

于是式（5-1-12）变为如下形式：

$$\overline{m}_D(x_D, y_D) = \overline{\widetilde{q}}_{Di,j}\int_{x_{Di,j}}^{x_{Di,j+1}} K_0\left[\sqrt{(x_D - \zeta)^2 + (y_D - y_{Di,j})^2}\sqrt{f(x)}\right]d\zeta \qquad (5-1-15)$$

由于裂缝微元段的流体流率各不相同，应用压降叠加原理，可以得到 $2n$ 个关于微元段流率及无量纲井底拟压力的方程，但由于目前有 $2n+1$ 个未知数，方程数量缺一个，因而需要再引入一个方程来得到确定解，由于气井产量为已知量，因而可以构建出微元段产量累加方程如下：

$$\sum_{j=1}^{n_f}\sum_{i=1}^{2n}\widetilde{q}_{Di,j} = 1 \qquad (5-1-16)$$

式中，n_f 为裂缝条数。

于是有 Laplace 空间下的累加产量表达式：

$$\sum_{j=1}^{n_f}\sum_{i=1}^{2n}\overline{\widetilde{q}}_{Di,j} = \frac{1}{s} \qquad (5-1-17)$$

根据 $2n$ 个无量纲拟压力方程和一个产量累加方程可以得到如下计算矩阵：

$$\begin{bmatrix} A_{1,1}, A_{1,2} \cdots A_{1,k} \cdots \cdots A_{1,2n \times n_f}, -1 \\ \cdots \\ A_{k,1}, A_{k,2} \cdots A_{k,k} \cdots A_{k,2n \times n_f} -1 \\ \cdots \\ A_{2n \times n_f,1} A_{2n \times n_f,2} \cdots A_{2n \times n_f,k} \cdots A_{2n \times n_f,2n \times n_f}, -1 \end{bmatrix} \begin{bmatrix} q_{D_1} \\ q_{D_2} \\ \cdots \\ q_{D_{2n \times n_f}} \\ \overline{m}_{wD} \end{bmatrix} = \begin{bmatrix} 0 \\ 0 \\ \cdots \\ 0 \\ 1 \end{bmatrix}$$

由上述矩阵可以得到每个微元段的流率以及一个无量纲拟压力。

当生产过程中存在表皮效应和井筒储集效应时，可以引入 Duhamel 原理来考虑，其具体表达式如下：

$$\overline{m}_{wD} = \frac{s\overline{m}_D + s_k}{s + c_D s^2 (s\overline{m}_D + s_K)} \tag{5-1-18}$$

式中，C_D 为无量纲井筒储集系数；s_k 为表皮系数。

于是，可以得到在顶底封闭水平方向上无限大的条件下的双重介质页岩气藏压裂水平井的无量纲拟压力表达式如下：

$$\overline{m}_{wD} = \frac{s\widetilde{\overline{q}}_{Di,j} \int_{x_{Di,j}}^{x_{Di,j+1}} K_0 [\sqrt{(x_D - \zeta)^2 + (y_D - y_{Di,j})^2} \sqrt{f(s)}] d\zeta + s_k}{s + C_D s^2 \{s\widetilde{\overline{q}}_{Di,j} \int_{x_{Di,j}}^{x_{Di,j+1}} K_0 [\sqrt{(x_D - \zeta)^2 + (y_D - y_{Di,j})^2} \sqrt{f(s)}] d\zeta + s_k\}}$$

$$\tag{5-1-19}$$

利用 Matlab R2016a 结合 Stehfest 数值反演技术绘制出了均质气藏无限导流压裂水平井在实空间中的无量纲拟压力曲线。

如图 5-1-3 所示，双重介质页岩气藏压裂水平井无量纲拟压力及其导数典型曲线大致可以分为七个流动阶段：

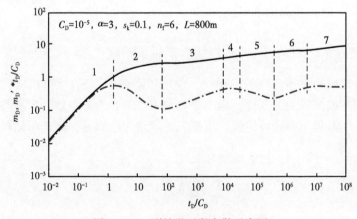

图 5-1-3 裂缝微元段离散示意图

第一阶段为早期井筒储集阶段。在这一阶段中，无量纲拟压力曲线同其导数曲线为一条斜率为 1 的直线。

第二阶段为井筒储集过渡流阶段。在这一阶段中，无量纲拟压力导数曲线呈现明显的下降趋势。

第三阶段为水力裂缝周围线性流动阶段。在这一阶段中，页岩气藏内的吸附气还未发生解吸作用，裂缝干扰也尚未出现，无量纲拟压力导数曲线近似表现为一条上升的直线段。

第四阶段为水力裂缝周围径向流动阶段。在这一阶段中，无量纲拟压力导数曲线近似表现为一条水平直线，受页岩气藏解析气扩散及裂缝间距影响，该阶段的曲线形态变化较大。

第五阶段为基质系统早期窜流阶段。在这一阶段中，受到基质表面解析气向裂缝扩散窜流的影响，无量纲拟压力导数曲线出现明显的下降，而基质系统内相比裂缝系统内的气体浓度差是造成该阶段出现主要原因。

第六阶段为基质系统晚期窜流阶段。在这一阶段中，基质内气体继续向裂缝这类大流通通道窜流，此刻两个系统间的生产压差成了造成窜流的主要因素，无量纲拟压力导数曲线出现了上翘趋势。

第七阶段为系统晚期径向流动阶段。在这一阶段中，无量纲拟压力导数曲线表现为一条水平直线，其值为 0.5，这个阶段反映了地层流体向整个裂缝系统径向流动的特征。

5.1.1.3 重庆地区深层页岩气井试井解释

目前渝西区块共对 Z2-1-H1 井、Z2-2-H1 井和 Z2-3 井生产前期开展了压力恢复试井测试，由于目标层位龙马溪组和五峰组地层压力高，解析气状态不变，不参与流动因此可采用常规多级压裂水平井模型对测试数据解释。三口井试井解释结果见表 5-1-1。

表 5-1-1　重庆地区深层页岩气井试井解释结果

井号	Z2-1-H1 井	Z2-2-H1 井	Z2-3 井
解释模型	井储+均质+多级压裂水平井+无穷大边界	井储+均质+多级压裂水平井+无穷大边界	井储+均质+压裂水平井+无穷大边界
井筒储集系数 C，m^3/MPa	2.4276	1.845	0.39
储层厚度	56.9	60	—
地层系数 Kh，$mD \cdot m$	0.00495	0.00459	0.0583
渗透率 K，$10^{-5}mD$	8.71	7.65	—
裂缝条数	24	29	—
裂缝半长，m	22.25	60	55.5
裂缝导流能力，$mD \cdot m$	0.5	3.91	—
K_z/K_r	0.331	0.512	—

由表 5-1-1 可知：Z2-1-H1 井、Z2-2-H1 井基质渗透率极低，压力恢复测试时间不够，未表现出边界流动特征；这两口井基质渗透率差异不大，但 Z2-2-H1 井压裂效果好于 Z2-1-H1 井。

5.1.2　基于等值渗流阻力法的页岩气水平井压裂产能公式研究

页岩气藏一般采用多级压裂水平井进行开发，建立带有水力压裂缝的页岩气泄气区域模型，运用等值渗流阻力法等研究手段，考虑水力压裂缝之间的干扰，合理的引入解析气扩散量及气层各向异性等特殊条件，推导一种新的页岩气水平井压裂产能公式。

5.1.2.1 胶囊状页岩气水平井压裂生产模型

根据实验推断出页岩气水平井压裂泄气区域也是一个大胶囊型，由左右两头的两个半球体与中部的圆柱体组成，如图5-1-4所示。白色的管状部分代表水平井，黑色条状部分代表垂直水力压裂缝，红色部分为两个半球流动区域，中部蓝色、白色和黑色部分为皆为圆柱体流动区域。

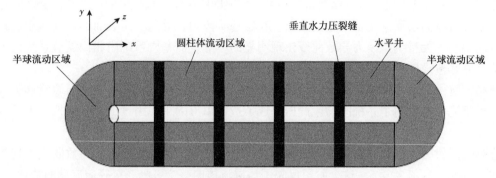

图 5-1-4　页岩气水平井压裂泄气区域模型

根据该模型可以将页岩气稳态产出流动过程详细的分为四个部分：（1）水平井泄气区域内的页岩气通过自由流动和从页岩基质表面解析后流动到垂直水力压裂缝中，然后通过水力压裂缝流进水平井井筒内；（2）水平井泄气区域内远端页岩气通过自由流动和从页岩基质表面解析后以单相线性流动方式流至水平井泄气区域近端，再以径向流动的方式流入水平井井筒内；（3）水平井泄气区域近端页岩气通过自由流动和从页岩基质表面解析后以径向流动方式流入水平井井筒内；（4）水平井指端与根端区域内的页岩气通过自由流动和从页岩基质表面解吸后以球面向心流动的方式进入水平井井筒内。

如上所述，四个流动过程可以综合分为两大部分：圆柱体流动区域渗流及半球体区域渗流，其中圆柱体区域渗流包括了（1）至（3）三个部分，半球体流动区域渗流则为（4）这个部分。

5.1.2.2　胶囊泄气区域页岩气水平井稳态产能公式建立

根据等值渗流阻力法，可以得出整个胶囊状泄气区域页岩气压裂水平井生产过程的总渗流阻力 R_t，其表达式如下：

$$R_t = \cfrac{1}{\cfrac{1}{R_1} + \cfrac{1}{R_3}} + \cfrac{1}{\cfrac{1}{R_2} + \cfrac{1}{R_4}} = \frac{R_1 R_3}{R_1 + R_3} + \frac{R_2 R_4}{R_2 + R_4} \tag{5-1-20}$$

式中，R_t 为总渗流阻力，$MPa \cdot d/m^3$；R_1 为裂缝等效为直井的渗流阻力，$MPa \cdot d/m^3$；R_2 为泄气区域远端至近水平井端单相流动渗流阻力，$MPa \cdot d/m^3$；R_3 为水平井外表面至水平井井筒的径向流渗流阻力，$MPa \cdot d/m^3$；R_4 为水平井指端与根端两个半球体球面向心流动阻力，$MPa \cdot d/m^3$。

通过产量与生产压差和渗流阻力的关系式 $q = \Delta p / R_t$ 就可以得出最终页岩气水平井压裂产能公式。

5.1.3　页岩气藏压裂水平井动态储量计算

气井动态储量是生产动态分析的关键指标，储量大小不仅关系着气井生产能力，还决定着气井稳产能力，因此合理计算页岩气井动态储量至关重要。重庆地区深层页岩气井地层压力高，吸附气暂未解析附参与流动，因此可采用普通气藏气井动态储量计算方法。本区测压资料较少，且产量定产方式生产，因此选用流动物质平衡方法和现代产量递减法中的 Blasingame 方法评价 Z2-1-H1 井与 Z2-2-H1 井动态储量。

根据两口气井实际生产数据，采用 Blasingame 和流动物质平衡方法计算两口气井的动态储量。

结合实际生产数据，由表 5-1-2 可知：（1）两口气井生产时间较短，未进入边界控制流动阶段，生产后期气井动态储量将逐渐增大；（2）Z2-1-H1 井在较短的生产时间内储量达到 $7392 \times 10^4 \text{m}^3$，表明本区具有较好的开发潜力；（3）气井产水量较大，气井井筒存在着积液的情况，因此储量计算结果存在一定的偏差，建议尽快排液，提高本区页岩气开发效果。

表 5-1-2　两口页岩气井动态储量计算结果

井号	气井储量，10^4m^3		储量结果 10^4m^3
	Blasingame	FMB	
Z2-1-H1	7568	7216	7392
Z2-2-H1	—	2580	2580

5.1.4　页岩气井生产拟合与预测研究

基于页岩气井井筒多相流动模型，将页岩气储层分为裂缝系统与基质系统，联立产能方程和物质平衡方程，对页岩气井生产历史进行拟合，计算页岩气井产气能力与可采储量，并对气井定产量和定压力的生产情况进行预测。

5.1.4.1　页岩气井返排规律研究

（1）重庆地区深层页岩气井返排规律分析。

对重庆地区深层页岩气的 4 口气井进行了统计分析，由页岩气井产水产气量可以得出水气相相对渗透率 K_{rw}/K_{rg} 的比值，由页岩气井累计产水量可以得出不同时刻的返排率，将数据绘入坐标系中，进行拟合。

对重庆地区 188 口页岩气井进行了统计分析，188 口页岩气井中，有 169 口气井均符合经验公式，符合率达到了 87.81%。

（2）重庆地区深层页岩气井分类研究。

根据对焦石坝页岩气井返排规律分析，对于满足递减规律的页岩气井，可以建立气井返排率与相对渗透率比值的关系，即页岩气井返排特征方程。

根据常数 A、B 以及平均水气比的大小，可以将气井分为四类（表 5-1-3）。

表 5-1-3　分类标准

类别	条件
第一类	$A<4$，$B<-10$
第二类	$A>4$，$B<-10$
第三类	$A<4$，$B>-10$
第四类	$A>4$，$B>-10$

通过对重庆地区深层页岩气与焦石坝页岩气进行对比，将其拟合的 2 口井进行分类。

对于经验公式中常数 $A>4$，$B<-10$ 的页岩气井，分为第二类井。Z2-2-H1 井和 Z2-3 井为该类井，Z2-2-H1 井生产数据如图 5-1-5 所示。

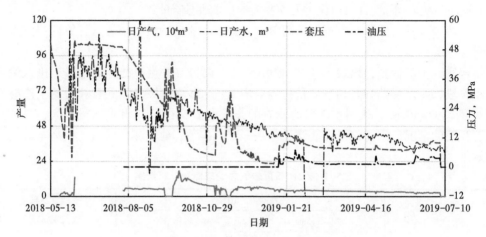

图 5-1-5 第二类 Z2-2-H1 井

从图 5-1-5 中可以看出，第二类气井生产初期，产水量大，压裂液返排率高，但递减速度快，中后期产水量低；生产初期产气量大，递减速度也较快。该井在关井前产气以及产水都是平稳生产，关井后，压力升高，产水量变大，但递减速度快，产水量迅速降低；产气量也变大，但递减速度也较快；气水比初期大，中后期迅速递减，整体趋势变化符合第二类井特征。当气井压力变低时，推荐采用优选管柱排水采气工艺，更换较小直径的油管，增大页岩气的排速，达到排水采气的目的；由于生产初期产水量大，在此阶段可以采用气举排水生产，后期产水量较小，可以采用泡沫排水采气工艺。

对于经验公式中常数 $A>4$、$B>-10$ 的页岩气井，分为第四类井。Z2-1-H1 井和 Z2-2 井为该类井，Z2-1-H1 井生产数据如图 5-1-6 所示。

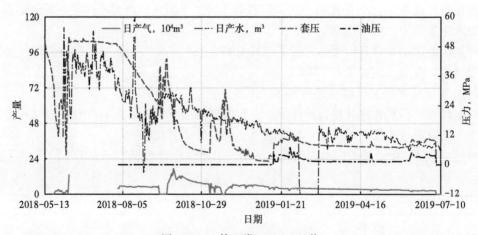

图 5-1-6 第四类 Z2-1-H1 井

从图 5-1-6 中可以看出，第四类气井生产初期产水量大，初始压裂液返排率高，且递减速度慢，其产水量一直保持在较高水平上；相较于产水，气井产气量较小，并且产气量一直没有较大变化，保持在较低水平上；水气比一直保持在较高水平。气井携液能力较差，容易形成积液，当气井压力降低时，推荐更换较小直径的油管，增大页岩气的排速，达到排水采气的目的，采用优选管柱排水采气工艺与泡沫排水采气相结合的排水方式。

5.1.4.2 页岩气井生产拟合与预测分析

基于页岩气井井筒多相流动模型，将页岩气储层分为裂缝系统与基质系统。联立产能方程和物质平衡方程，对页岩气井生产情况进行拟合，确定页岩气井产气能力与控制储量。在此基础上，预测定产量生产模式下气井的产气、产水情况。以页岩气井生产拟合与预测模型为基础，结合 SQL 数据库，使用 C#语言编制了页岩气田气井生产拟合与预测软件，使得页岩气井生产拟合与预测工作更为方便。

（1）Z2-1-H1 井。

①生产曲线。

Z2-1-H1 井于 2017 年 11 月 21 日开始生产，截至 2019 年 7 月 10 日，累计产气 $1191×10^4m^3$，累计产水 $25597.05m^3$，原始地层压力 86.4MPa，入井总液量为 $47517m^3$，其生产曲线如图 5-1-7 所示。

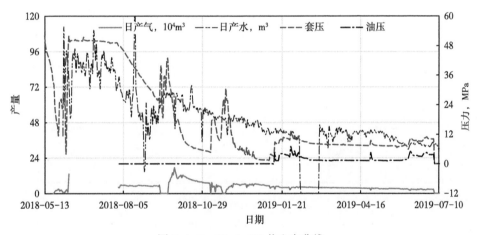

图 5-1-7　Z2-1-H1 井生产曲线

②生产拟合及控制储量计算。

通过页岩气气井生产数据拟合方法，确定气井产气能力与控制储量。使用 Z2-1-H1 井产气量、产水量等生产数据作为已知参数，以不同时期的 Z2-1-H1 井实测井底流压拟合目标，通过调整模型参数，使得预测气井井底流压与实测值一致，由此确定气井产能与控制储量。Z2-1-H1 井裂缝系统与基质系统控制储量分别为 $1200.32×10^4m^3$ 与 $5804.43×10^4m^3$，总控制储量为 $7004×10^4m^3$。

③压裂液返排规律核实。

根据页岩气井压裂液返排规律研究结果，由水气比系数拟合压裂液的返排，如图 5-1-8 所示，拟合效果较好。

④气井生产情况预测。

Z2-1-H1 井以 $1×10^4m^3/d$、$1.5×10^4m^3/d$、$2×10^4m^3/d$ 进行配产，预测气井产气、产水变化，得到 Z2-1-H1 井的生产情况，如图 5-1-9 至图 5-1-11 所示。

气井以 $1×10^4m^3/d$、$1.5×10^4m^3/d$、$2×10^4m^3/d$ 进行配产，其稳产时间分别为 1508

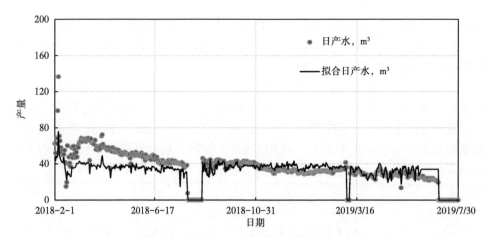

图 5-1-8　Z2-1-H1 井日产水拟合曲线

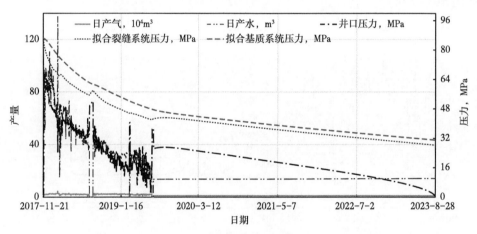

图 5-1-9　Z2-1-H1 井生产情况预测曲线（1×10⁴m³/d）

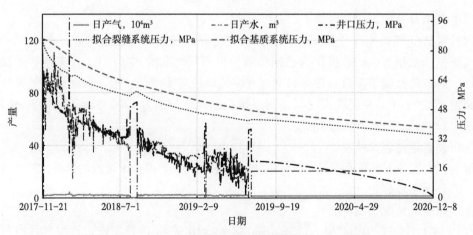

图 5-1-10　Z2-1-H1 井生产情况预测曲线（1.5×10⁴m³/d）

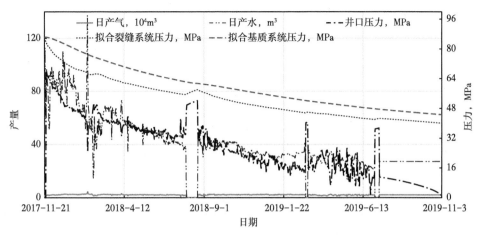

图 5-1-11　Z2-1-H1 井生产情况预测曲线（2×10⁴m³/d）

天、515 天、144 天，气井累计产气分别为 $2702×10^4m^3$、$1963×10^4m^3$、$1422×10^4m^3$，采出程度分别为 38.57%、28%、20.29%。

（2）Z2-2-H1 井。

①生产曲线。

Z2-2-H1 井于 2018 年 7 月 31 日开始生产，截至 2019 年 7 月 10 日，该井累计产气 $1647×10^4m^3$，累计产水 201314.9m³，原始地层压力 72.79MPa，入井总液量为 55421.4m³，其生产曲线如图 5-1-12 所示。

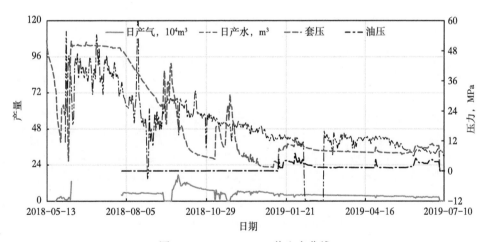

图 5-1-12　Z2-2-H1 井生产曲线

②生产拟合及控制储量计算。

通过页岩气气井生产数据拟合方法，确定气井产气能力与控制储量。使用 Z2-2-H1 井产气量、产水量等生产数据作为已知参数，以不同时期的 Z2-2-H1 井实测井底流压拟合目标，通过调整新模型参数，使得预测气井井底流压与实测值一致，由此确定气井产能与控制储量。Z2-2-H1 井裂缝系统与基质系统控制储量分别为 $3225×10^4m^3$ 与 $4824×10^4m^3$，Z2-2-H1 井总控制储量为 $8049×10^4m^3$。

③压裂液返排规律核实。

根据页岩气井压裂液返排规律研究结果，由水气比系数拟合压裂液的返排，如图 5-1-13 所示，拟合效果较好。

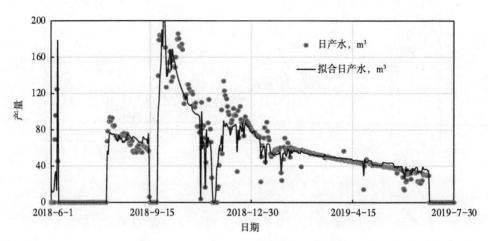

图 5-1-13　Z2-2-H1 井日产水拟合曲线

④气井生产情况预测。

Z2-2-H1 井以 $2×10^4m^3/d$、$2.5×10^4m^3/d$、$3×10^4m^3/d$ 进行配产，预测气井产气、产水变化，得到 Z2-2-H1 井的生产情况预测，如图 5-1-14 至图 5-1-16 所示。

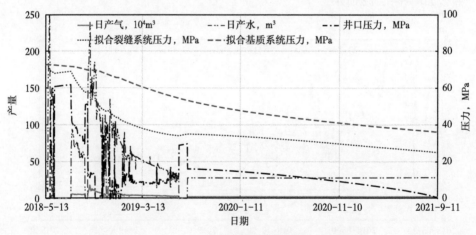

图 5-1-14　Z2-2-H1 井生产情况预测曲线（$2×10^4m^3/d$）

气井以 $2×10^4m^3/d$、$2.5×10^4m^3/d$、$3×10^4m^3/d$ 进行配产，其稳产时间分别为 773 天、401 天、182 天，气井累计产量分别为 $3194×10^4m^3$、$2650×10^4m^3$、$2194×10^4m^3$，采出程度分别为 39.68%、32.92%、27.26%。

（3）Z2-2 井。

①生产曲线。

Z2-2 井于 2018 年 11 月 1 日开始生产，截至 2019 年 7 月 28 日，该井累计产气 300×10^4m^3，累计产水 693m³，原始地层压力 72.37MPa，其生产曲线如图 5-1-17 所示。

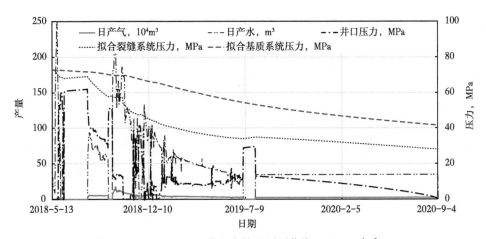

图 5-1-15　Z2-2-H1 井生产情况预测曲线（2.5×10⁴m³/d）

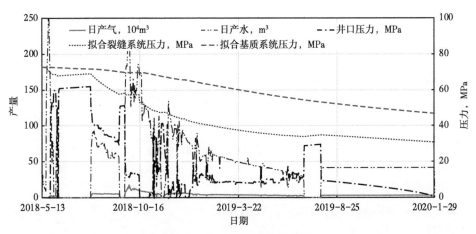

图 5-1-16　Z2-2-H1 井生产情况预测曲线（3×10⁴m³/d）

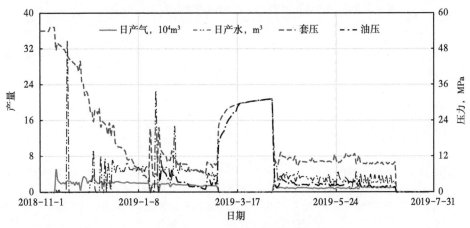

图 5-1-17　Z2-2 井生产曲线

②生产拟合及控制储量计算。

通过页岩气气井生产数据拟合方法，确定气井产气能力与控制储量。使用 Z2-2 井产气量、产水量等生产数据作为已知参数，以不同时期的 Z2-2 井实测井底流压拟合目标，通过调整新模型参数，使得预测气井井底流压与实测值一致，由此确定气井产能与控制储量。Z2-2 井裂缝系统与基质系统控制储量分别为 $371 \times 10^4 m^3$ 与 $398 \times 10^4 m^3$，Z2-2 井总控制储量为 $769 \times 10^4 m^3$。

③压裂液返排规律核实。

根据页岩气井压裂液返排规律研究结果，由水气比系数拟合压裂液的返排，如图 5-1-18 所示，拟合效果较好。

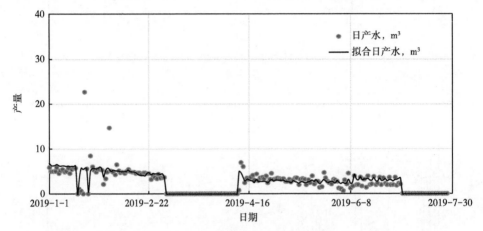

图 5-1-18　Z2-2 井日产水拟合曲线

④气井生产情况预测。

Z2-2 井以 $0.5 \times 10^4 m^3/d$ 进行配产，预测气井产气、产水变化，得到 Z2-2 井的生产情况预测，如图 5-1-19 所示。

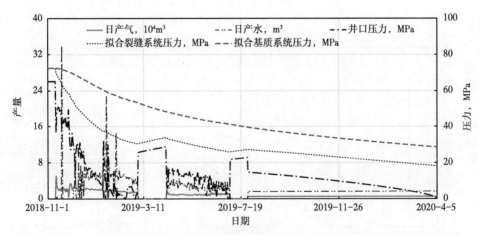

图 5-1-19　Z2-2 井生产情况预测曲线（$0.5 \times 10^4 m^3/d$）

气井以 $0.5 \times 10^4 m^3/d$ 进行配产，其稳产时间为 252 天，气井累计产量为 $426 \times 10^4 m^3$，采出程度为 55.4%。

（4）Z2-3 井。

①生产曲线。

Z2-3 井于 2019 年 5 月 1 日开始生产，截至 2019 年 7 月 10 日，该井累计产气 314×10^4m³，累计产水 298m³，原始地层压力 75MPa，其生产曲线如图 5-1-20 所示。

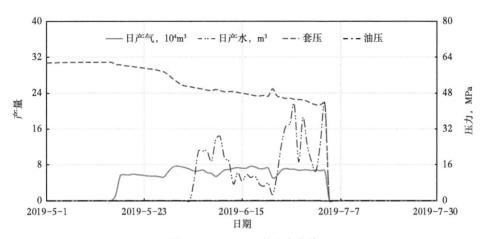

图 5-1-20　Z2-3 井生产曲线

②生产拟合及控制储量计算。

通过页岩气气井生产数据拟合方法，确定气井产气能力与控制储量。使用 Z2-3 井产气量、产水量等生产数据作为已知参数，以不同时期的 Z2-3 井实测井底流压拟合目标，通过调整新模型参数，使得预测气井井底流压与实测值一致，由此确定气井产能与控制储量。Z2-3 井裂缝系统与基质系统控制储量分别为 3122×10^4m³ 与 7990×10^4m³，Z2-3 井总控制储量为 1.1112×10^8m³。

③压裂液返排规律核实。

根据页岩气井压裂液返排规律研究结果，由水气比系数拟合压裂液的返排，如图 5-1-21所示，拟合效果较好。

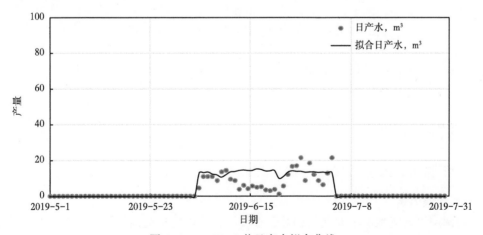

图 5-1-21　Z2-3 井日产水拟合曲线

④气井生产情况预测。

Z2-3 井以 $5\times10^4\mathrm{m}^3/\mathrm{d}$、$4\times10^4\mathrm{m}^3/\mathrm{d}$ 进行配产，预测气井产气、产水变化，得到 Z2-3 井的生产情况预测，如图 5-1-22、图 5-1-23 所示。

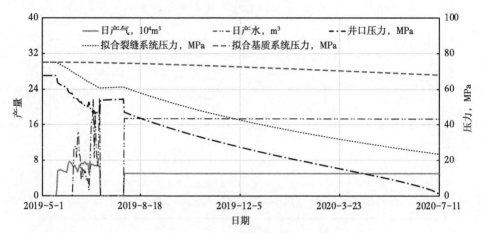

图 5-1-22　Z2-3 井生产情况预测曲线（$5\times10^4\mathrm{m}^3/\mathrm{d}$）

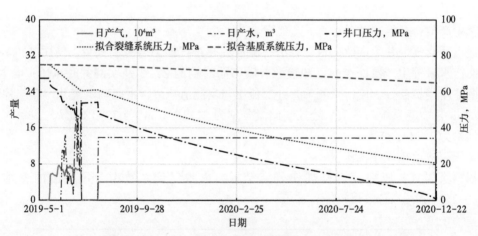

图 5-1-23　Z2-3 井生产情况预测曲线（$4\times10^4\mathrm{m}^3/\mathrm{d}$）

气井以 $5\times10^4\mathrm{m}^3/\mathrm{d}$、$4\times10^4\mathrm{m}^3/\mathrm{d}$ 进行配产，其稳产时间分别为 347 天、511 天，气井累计产量分别为 $2049\times10^4\mathrm{m}^3$、$2358\times10^4\mathrm{m}^3$，采出程度分别为 18.4%、21.2%。

5.2　页岩气井配产

5.2.1　影响深层页岩气藏合理配产的因素

5.2.1.1　地质因素

渝西深层页岩气地层压力高，相对于较浅层，地层能量更高，裂缝闭合压力更高，这一系列复杂的地质因素将导致开井后裂缝闭合、裂缝渗流规律有别于常规气藏。因此，对于深层页岩气，在考虑地质配产因素时，应充分考虑储层应力敏感特征、裂缝闭合规律以及地层渗流特征。

188

（1）应力敏感。

①储层应力敏感特征。

为了便于油气藏之间的对比和评价，储层岩石的应力敏感指数 SI_p 统一取作地层压力下降 10MPa 时的数值。本书给出的评价标准是：当 $SI_p<0.1$ 时，为弱敏感；当 $SI_p=0.1\sim0.3$ 时，为中等敏感；当 $SI_p>0.3$ 时，为强敏感。对于页岩气井而言，由于储层和支撑剂充填的压裂缝在力学性质上有很大差异，因此储层和压裂缝的渗透率随压力的变化差异也较大，将应力敏感分别考虑基质和压裂缝两部分分别进行研究。

对四川盆地渝西区块页岩渗透率应力敏感进行了计算。大足区块龙马溪组泊松比在 0.2 左右，杨氏模量较高，在 29~36GPa 之间，可以看出，该页岩气藏属于应力敏感较低的地层。

②压裂缝应力敏感特征。

以蜀南地区龙马溪组页岩的应力敏感测试为例，为定量研究该地区页岩气压裂缝应力敏感特征，采用了现场使用的支撑剂短期导流能力实验数据。

根据有效应力 Biot 系数 α，由于压裂砂和岩石属性有很大区别，可以看作极疏松多孔介质，因此 α 可近似取 1。试验中闭合压力的增加量即等同于裂缝内部压力的减少量。根据实验数据，闭合压力每增加 10MPa，各种支撑剂渗透率变化在 8%~20% 之间，属于中等应力敏感特征。

根据不同支撑剂的应力敏感特征，在基础模型的基础上，采用数值模拟进行了对比研究。如图 5-2-1 所示，由于目前现场使用的几种支撑剂应力敏感特征基本相似，数值模拟结果显示，采用不同支撑剂应力敏感曲线累计产量相差较小，对比不考虑裂缝应力敏感，考虑裂缝应力敏感后的 30 年累计产气量将减少 13% 左右。

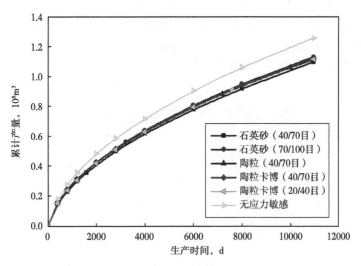

图 5-2-1　不同支撑剂应力敏感特征下累产对比图

③应力敏感对页岩气井的产能影响。

a. 应力敏感系数 d_f 的影响

d_f 表示水力裂缝中的压力敏感特性。研究中 d_f 的范围为在 0.05~0.3MPa^{-1}。图 5-2-2 所示为一个存在不同应力敏感裂缝特征的多级水平压裂井的产量 q_D。裂缝导流能力从初始

值 $C_{fDi}=1$ 开始降低。存在应力敏感导流能力的双线性流和线性流动的斜率值恰好在 1/4～1/2 之间（1/4<斜率<1/2）。这种斜率特征可被认为是应力敏感裂缝导流能力的标志。d_f 越大，双线性流动和线性流动的斜率值越大。当 d_f 比较小时，双线性和线性流受应力相关特性的影响，而拟稳态流和边界控制流不受动态导流能力的影响。

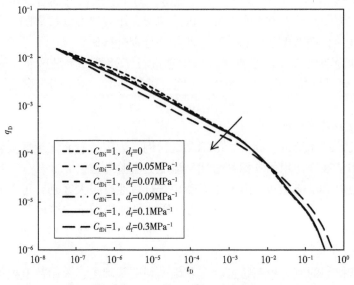

图 5-2-2　不同 d_f 下的生产曲线图

b. 初始裂缝导流能力 C_{fDi} 的影响

　　不同的初始裂缝导流能力下的水平压裂井，对应力敏感影响的反应不同。如图 5-2-3 所示，初始导流能力较小的井更容易受到应力敏感效应的影响。例如，当 $C_{fDi}=0.1$ 的情况下，存不存在应力敏感导流能力，其产量差异高达 33%。此外，当 $C_{fDi}=0.1$ 时，在生产早期双线性流更明显，而且在双线性流态中，应力敏感导流能力与产量成正相关。因此可

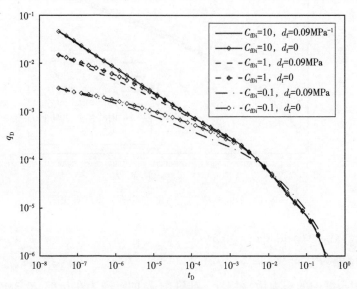

图 5-2-3　不同初始导流能力 C_{fDi} 的生产曲线

190

以进一步认为，双线性流对应力敏感导流能力比其他流态更敏感。

②合理利用地层能量。

在气藏多孔介质气藏中，在越高的流动压差下，其非达西线现象越明显。当产量达到某一临界值时，产气量 q_g 与压差平方 $p_r^2-p_{wf}^2$ 之间偏离原来的直线系统；当产量越高时，高速非达西现象越严重，曲线偏离程度越严重，此时消耗的地层压降越大。在考虑气井合理配产时，通常以偏离程度比较严重时对应的产量作为合理利用地层能量的产量，如图 5-2-4 所示。

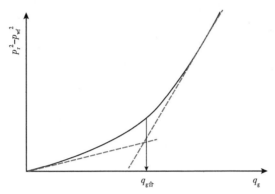

图 5-2-4　低渗天然气产量与井底生产压差之间的关系

但对于页岩气来讲，由于非达西、解析附特征存在，渗流规律更为复杂。当地层中的流动处于较高的流动压差时，井底压力会进一步降低，如果井底压力降低到页岩的解吸附压力以下时，除了多孔介质中的流体流动之外，部分气体会解析出来并参与流动，且井底压力越低，解析出来的气体会越多。因此，在大压差，低井底压力时 $p_r^2-p_{wf}^2$ 与 q_g 的关系曲线还是否会与低渗气藏一样向上偏移存在不确定性，低渗气藏合理利用地层能量配产的方法需要重新考虑。

如图 5-2-5 所示，其与低渗气藏 $p_r^2-p_{wf}^2$ 与 q_g 的关系曲线明显不同，该曲线不再表现为向上弯曲的现象，相反向下弯曲，说明在低压下吸附气的解吸增加了更多的流动气量，抵消了高速非达西的气量损失，并占有主导优势。

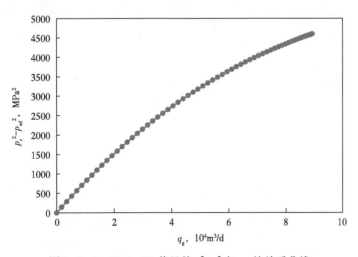

图 5-2-5　Z2-1-H1 井目前 $p_r^2-p_{wf}^2$ 与 q_g 的关系曲线

因此，对于致密的页岩气藏而言，综合考虑非达西、解析等特征，当井底压力高于吸附压力时，根据非达西效应的影响程度，如果影响明显，应考虑合理利用地层能量配产；当井底压力低于吸附压力时，由于解吸出来的气体影响优势明显，不再像低渗气藏一样考虑合理利用地层能量进行配产。

5.2.1.2　开发因素

（1）保护支撑剂稳定性。

通过5~45MPa之间的支撑剂返排临界流速测试表明，在裂缝闭合初期，支撑剂未与裂缝壁面充分结合，表现出不稳定状态，在流体流速不到0.2m/s时，支撑剂就开始流动，临界流速较小；随着闭合压力的增加，支撑剂与裂缝壁面充分结合，并有部分支撑剂在偏软的页岩中处于部分嵌入状态，此时，支撑剂冲刷流动变得越来越困难，临界流速逐渐增加；当闭合压力较高时，支撑剂与裂缝壁面之间、支撑剂与支撑剂之间进一步深度结合，此时支撑剂之间的挤压现象变得较为明显，支撑剂会被挤压而发生平面上的位移而松动，在高速流体的冲刷下，流动又变得更为容易，此时临界流速又会减小。

稳定裂缝中的支撑剂，不仅对于保护裂缝质量、维持畅通的页岩气流动通道非常重要，同时对于维持清洁的井筒环境、避免裂缝出砂对井筒和地面管线设备的破坏也很重要。因此对于渝西深层页岩气，生产过程中，通过调控产量来控制裂缝中支撑剂的稳定性是配产必须考虑的重要因素之一。

（2）提高井筒携液携砂能力。

受地面、地质及工程条件的影响，渝西深层页岩气井井眼轨迹起伏较大，井身结构复杂（图5-2-6），初期生产过程中气水同产。从2019年1月的生产现状来看，采用5½in套管生产，气井产量较低，产水量较大，水气比较大，井口压力较低（表5-2-1）。气井的正常携液带来风险，气井一旦积液，将影响产能发挥。因此，无论是在套管生产下，还是在将来更换油管生产后，提高气井的携液能力，使气井能够正常携液生产是配产过程中必须考虑的重要因素。

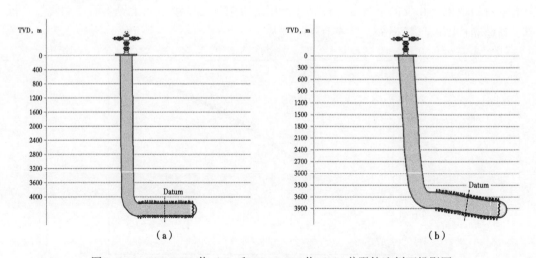

图 5-2-6　Z2-1-H1 井（a）和 Z2-2-H1 井（b）井眼轨迹剖面投影图

表 5-2-1　大足区块龙马溪组气井生产现状

井号	产气量 $10^4 m^3/d$	产水量 m^3/d	水气比 $m^3/10^4 m^3$	平均套压 MPa
Z2-1-H1	2.1	30.6	14.3	10.8
Z2-2	1.8	5.1	3.0	8.5
Z2-2-H1	4.6	65.1	14.0	5.2

渝西区块页岩气主要采用多级压裂水平井进行开发，对于不同的水平井型，其井筒积液积砂特征差异较大，以四川盆地三种常见的页岩气水平井来分析（图5-2-7）。水平型积液分布在水平段沿程底部，油套环空的底部积液将难以排除；上翘型：积液将流向井筒跟部，一旦根部积液能排出，整个水平段将不再积液；下弯型：积液流向井筒趾端，由于水平段截面积较大，不利于积液的排出。因此，井筒的携液携砂能力是渝西深层页岩气配产必须考虑的问题。

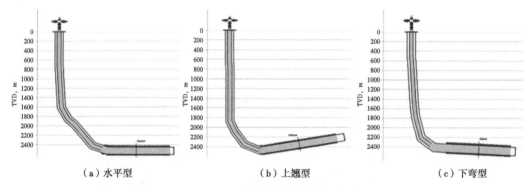

（a）水平型　　　　　　　　（b）上翘型　　　　　　　　（c）下弯型

图 5-2-7　三种不同水平井轨迹示意图

（3）气井的稳产能力。

从国外页岩气开发历程来看，由于经济政策差异，为尽早收回成本，国外页岩气井初期主要以高产量生产，后期通过不断的补充新井和重复改造等来弥补单井的产能递减，实现气田的稳产。尽管国内页岩气区块也在不断地补充新井和重复压裂改造，但仍然主要采用控产生产，要求新井具有一定的稳产期和较低的产量递减率。页岩气井初期产量递减快，很难定产量生产，因此主要通过控制产量，降低气井产量递减率来维持气井产量的相对稳定。对于页岩气井初期产量递减率的大小，目前尚无标准和案例借鉴，需要综合应用多种方法进行确定。

（4）防冲蚀保护管柱。

当气井产量较大时，高速气流会对管柱产生严重的冲蚀作用，使管壁加快磨损和老化，影响气井安全生产。因此气井合理配产上限应该低于管柱冲蚀流量。

根据大足区块龙马溪组页岩气 Z2-1-H1 井和 Z2-2 井的生产、完井和 PVT 数据，根据经验公式计算得到 Z2-1-H1 井和 Z2-2 井的冲蚀临界产量，如图5-2-8 图5-2-9所示，两口气井在 5½in 套管生产下的冲蚀临界产量分别为 $60.9 \times 10^4 m^3/d$ 和 $32.960.9 \times 10^4 m^3/d$，远远大于气井的实际产量和最大产能。即使将来更换为油管生产，采用较常用的 2⅜in 和 2⅞in 油管生产，在井口压力 2MPa 时达到的最大冲蚀产量也分别达到了 $11.1 \times 10^4 m^3/d$ 和 $6 \times 10^4 m^3/d$。

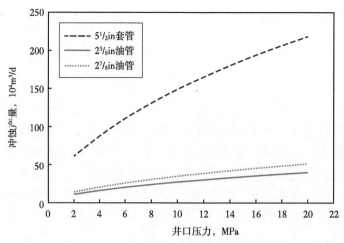

图 5-2-8 Z2-1-H1 井不同井口压力下不同管柱的冲蚀产量

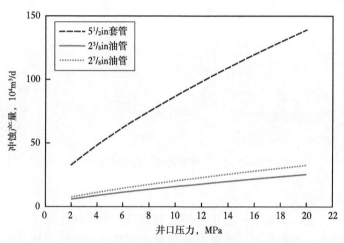

图 5-2-9 Z2-2 井不同井口压力下不同管柱的冲蚀产量

5.2.2 应力敏感影响的页岩气井配产方法

5.2.2.1 应力敏感特征

（1）压裂缝应力敏感。

压力每下降 10MPa，裂缝渗透率降低 3%~7%，属于较弱应力敏感，目前使用支撑剂不会导致严重的应力敏感。与蜀南地区岩心微裂缝应力敏感结果相比，应力敏感属于相对较弱，如图 5-2-10 所示。

通过非线性曲线拟合，分别得到陶粒、覆膜陶粒和陶粒+覆膜陶粒（2:1）支撑剂对应的裂缝渗透率模量分别为 $0.003MPa^{-1}$、$0.002MPa^{-1}$ 和 $0.005MPa^{-1}$。

（2）储层基质应力敏感

根据 Z2-1 井的岩石力学参数，计算得到 Z2-1 井基质的渗透率变化与闭合压力的关系，如图 5-2-11 所示。

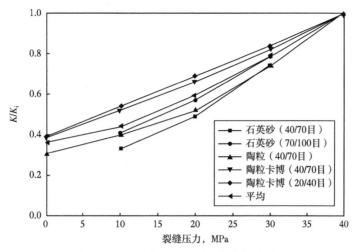

图 5-2-10 蜀南地区压裂缝应力敏感测试

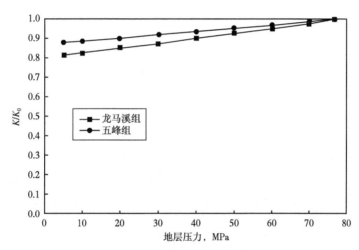

图 5-2-11 大足区块不同地层储层基质渗透率随压力变化

根据非线性曲线拟合，得到龙马溪组和五峰组基质渗透率模量分别是 $0.003MPa^{-1}$ 和 $0.002MPa^{-1}$。

（3）微裂缝应力敏感。

对页岩压裂缝的渗透率敏感性进行了测试，获得压裂缝的渗透率模量，还对页岩基质的渗透率模量进行了计算。但在页岩储层实际主要供气的微裂缝中，应力敏感会更强，例如，礁石坝深层有效应力高于 15MPa 后，微裂缝的渗透率降低 8%～18%。由于未能取得微裂缝发育的实验样品，无法进行直接测量，微裂缝的应力敏感模量借鉴礁石坝的测试结果。根据非线性曲线拟合，得到微裂缝的渗透率模量为 $0.009～0.0135MPa^{-1}$。

（4）应力敏感的变化。

对于深埋地下的岩石，经过沉积压实作用后，其岩石物理性质比较稳定，在岩石物理性质一定的情况下，其形变和有效应力呈固定的、一一对应的关系，即无论地层压力以何种方式下降，相同压降下的渗透率的变化值相同，即应力敏感只有一条曲线（将储层岩石看成一个统一的整体)。

然而, 压裂缝和地层具有较大的差别, 因为人工裂缝并不是一种稳定的状态, 主要表现在以下两个方面。

①人工压裂缝中支撑剂导流能力随压力和受压时间双重影响而变化。支撑剂短期导流能力也是一条随地层压力下降而减弱的曲线, 但是与地层岩石不同的是, 裂缝中充填的压裂砂未经成岩作用, 充填空间的结构非常不稳定。随着闭合压力增大, 支撑剂在岩石中的嵌入和破碎对支撑剂导流能力的影响很大, 这种结构性变形是造成裂缝应力敏感的主要原因。特别是在低杨氏模量和高泊松比的储层, 压实嵌入可能更加严重。同时, 根据长期导流能力实验发现, 压裂砂的导流能力和闭合压力并非一一对应的关系, 而是在相同闭合压力下随着加压时间的增长, 导流不断降低。在高闭合与低闭合应力下, 导流能力变化的趋势并不相同。这就预示着, 在不同压降下生产, 具有不同的应力敏感曲线。

②高流速气体可能造成压裂砂运移。有大量的研究表明, 气井压裂后如果产量过大, 高速气流的冲击力会使裂缝中的压裂砂运移, 回流到井底, 使裂缝失去支撑而闭合, 失去高导流能力, 甚至砂粒随气流从井底流到地面过程中还会刺坏设备。压裂砂的这种运移导致了压裂缝结构更加不稳定。因此, 如果气井产量过大导致了出砂, 不同产量情况下, 裂缝渗透率的变化趋势也不一样, 这同样预示着裂缝的渗透率敏感存在多条曲线。

5.2.2.2　考虑应力敏感的产能预测

(1) 采用固定应力敏感曲线模拟。

从压裂缝的短期导流能力测试结果看, 储层的应力敏感曲线表现出一条曲线。从长期导流能力实验测试结果看, 储层的应力敏感曲线表现出不同的曲线。对这两种情况均做了模拟。如果储层的应力敏感曲线和压裂应力敏感曲线均采用固定的曲线, 其内涵表达了渗透率随地层压力按固定的方程关系降低。

经过分析可以发现, 如果地层和压裂缝均采用固定的渗透率下降曲线, 渗透率降低相同值, 平均地层压力也降低了相同值, 而平均地层压力降低值相当, 也就是说采出气量也应该相当。

如果页岩气井的渗透率以一种恒定的模式变化, 那么不限制产量生产, 对最终的累计产量影响很小, 初期的产量控制显得并不必要。

然而, 国外通过实际生产数据的研究发现, 控制产量对异常高压、塑形较强、初期产能大的页岩气井确实起到了积极的作用, 限产井的生产能力强于非限产井, 因此, 将考虑下面的另外一种情况。

(2) 变裂缝应力敏感曲线模拟。

裂缝应力敏感曲线在不同生产模式下应该是不同的, 因此采用不同的应力敏感曲线对不同初期配产进行了模拟。

根据 Yilmaz 和 Nur 关系式综合考虑了裂缝渗透率应力敏感特征。对于在非限产方案中, 使用了一个较高的渗透率敏感常数 ($0.02MPa^{-1}$); 对于在限产方案中, 使用了一个较低的渗透率敏感常数 ($0.01MPa^{-1}$)。模拟中使用了相同的储层参数, 最低井底流压限制为 $2MPa$。

从表 5-2-2 和图 5-2-12 可以看出, 渗透率敏感常数越大, 随着地层压力下降, 渗透率比值下降越多。对前期以 0.4 倍、0.8 倍无阻流量 q 生产的日产气量和累计产气量进行了比较。作为参考, 从图 5-2-13 至图 5-2-15 中可以发现: ①前期大产量生产的井, 前期累计产气量大，后期累计产气量低于小产量生产井；②前期大产量生产的井，前期日产量大，后期日产量低于小产量生产井；③小产量井前期流压下降较缓慢。

该模拟结果和国外的高压高产的 Haynesville 的实际情况吻合，说明了这种猜想的正确性。

表 5-2-2　不同渗透率敏感参数下渗透率变化比值表

地层压力 MPa	地层压降 MPa	K/K_0	
		渗透率敏感常数 0.01	渗透率敏感常数 0.02
50	0	1	1
48	2	0.9802	0.9608
46	4	0.9608	0.9231
44	6	0.9418	0.8869
42	8	0.9231	0.8521
40	10	0.9048	0.8187
38	12	0.8869	0.7866
36	14	0.8694	0.7558
34	16	0.8521	0.7261
32	18	0.8353	0.6977
30	20	0.8187	0.6703
28	22	0.8025	0.644
26	24	0.7866	0.6188
24	26	0.7711	0.5945
22	28	0.7558	0.5712
20	30	0.7408	0.5488
18	32	0.7261	0.5273
16	34	0.7118	0.5066
14	36	0.6977	0.4868
12	38	0.6839	0.4677
10	40	0.6703	0.4493
8	42	0.657	0.4317
6	44	0.644	0.4148
4	46	0.6313	0.3985
2	48	0.6188	0.3829

（3）考虑应力敏感的配产建议。

通过以上的研究可以总结为：

①储层应力敏感会影响累计产气量，但对配产并无指导意义；②压裂缝对累计产气量的影响较大，但如果恒定应力敏感曲线，配产大小对累计产气量的影响较小；③由于压裂砂破碎、嵌入岩石，导致不同压降下，渗透率敏感曲线不一样，对累计产气量的影响很大；④压裂砂在高速流下运移，导致裂缝不稳定，在不同配产方案中，渗透率敏感曲线不一样，配产对累计产气量的影响也很大。

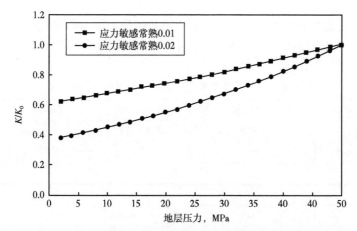

图 5-2-12　不同应力敏感常数下渗透率随地层压力变化图

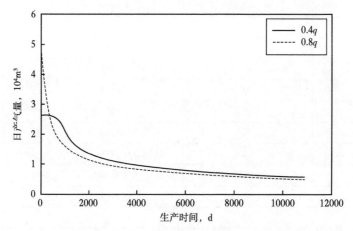

图 5-2-13　不同初期配产下产量变化图（高产量对应高应力敏感常数）

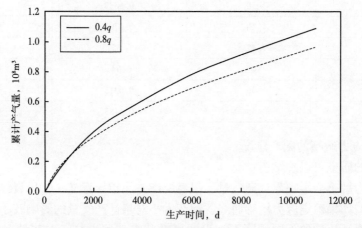

图 5-2-14　不同初期配产下累计产量变化图（高产量对应高应力敏感常数）

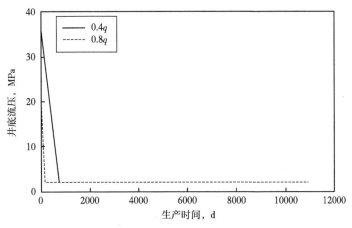

图 5-2-15　不同初期配产下井底流压变化图

显然，针对应力敏感较强的页岩气的配产，主要是考虑第③、第④两个因素进行合理配产，即以初期瞬时无阻流量的 0.4~0.6 倍配产，Z2-1-H1 井和 Z2-2-H1 井配产 $2.5 \times 10^4 \sim 4 \times 10^4 \mathrm{m}^3/\mathrm{d}$，Z2-2 井配产 $1 \times 10^4 \sim 1.5 \times 10^4 \mathrm{m}^3/\mathrm{d}$。并无现场使用支撑剂的长期导流能力试验数据，定量评价缺乏依据，因此建议后期在模拟地层条件下，对支撑剂在不同压降下的导流能力作针对性深入研究，从而确定合理的工作压差。当然合理的工作制度，主要需要根据现场实验，采用图形诊断等方式，判断是否需要进行产量控制。此外防止出砂的合理产气量计算将在下面进行详细分析。

5.2.3　考虑控砂携液的深层页岩气井配产方法

5.2.3.1　页岩气控砂产量

（1）支撑剂回流临界速度。

开展了支撑剂回流实验。测试不同裂缝闭合压力下支撑剂回流的临界流速，为现场不同裂缝闭合压力下的气井配产（支撑剂不回流）提供实验依据。实验主要设备如图 5-2-16 所示。

为了确定覆膜陶粒控制支撑剂回流的可行性，开展了支撑剂回流实验，测定了不同类型支撑剂的支撑剂回流临界流量。

40/70 目陶粒回流实验结果见表 5-2-3。随着闭合压力的增大，支撑剂回流临界流量先增大后减小。5MPa 时的临界流量为 20mL/min，25MPa 时的临界流量为 60mL/min，而 50MPa 闭合压力时在 50mL/min 发生回流。

通过实验发现：在低闭合压力下（<15MPa）支撑剂容易回流，在中高闭合压力下（15~30MPa）支撑剂更稳固，高闭合压力下易被挤压而流动（>30MPa）。

图 5-2-16　回流实验导流室

表 5-2-3   40/70 目陶粒回流实验结果

闭合压力，MPa	临界流量，mL/min	裂缝张开宽度，mm
5	20	4.1
15	60	3.96
25	60	3.82
35	50	3.74
45	50	3.65

（2）支撑剂回流临界产量。

开井初期，Z2-1-1-H1 井闭合压力较小，临界出砂产量仅 $2.93 \times 10^4 m^3/d$，而实际返排初期产量高于该产量，因此极容易出砂；随着闭合压力的增加，临界出砂产量增加到 $8 \times 10^4 \sim 10 \times 10^4 m^3/d$，而该井后期临界出砂产量仅 $2 \times 10^4 \sim 3 \times 10^4 m^3/d$，因此在后期不会出现出砂。实际配产则要求闭合后产量低于临界出砂产量。

5.2.3.2   井筒临界携液产量

（1）直井中临界携液产量。

利用李闽模型计算了 Z2-2 井 $5\frac{1}{2}$in 套管，在井口压力 2～10MPa，日产水量 5～50m^3 的产气条件下，最大临界携液流量位于井筒底部，达到 $9.0 \times 10^4 \sim 13.6 \times 10^4 m^3/d$，且随着产水量的变化，临界携液流量不断增加。因此，在 Z2-2 井目前的产能条件下，即使是降低井口压力，也难以依靠套管携液生产。

考虑以后在井筒中下入油管生产，这里利用目前现场常用的 $2\frac{3}{8}$in 和 $2\frac{7}{8}$in 油管进行计算，日产水量5m^3。在井口压力 2～10MPa 下，$2\frac{3}{8}$in 油管临界携液产量为 $1.2 \times 10^4 \sim 1.8 \times 10^4 m^3/d$，$2\frac{7}{8}$in 油管临界携液产量为 $1.6 \times 10^4 \sim 2.4 \times 10^4 m^3/d$，在 2～10MPa 井口压力范围内，按目前产能，$2\frac{3}{8}$in 和 $2\frac{7}{8}$in 油管均能正产携液。

（2）水平井中临界携液产量。

水平气井中，倾斜角是倾斜管连续携液临界气流速的一个重要影响因素。国内外实验和理论研究发现，当倾斜角为 50°左右时携液最难，所需要连续携液临界气液速最大（图 5-2-17）。因此，可以将造斜段 50°附近的临界携液速度作为水平井的临界携液速度。只要大于该速度，整个水平井将能够连续携液。

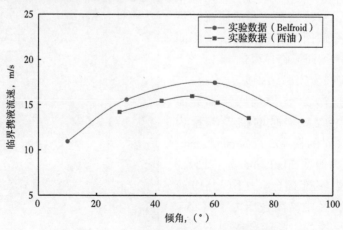

图 5-2-17   不同倾角下的气井临界携液速度

从目前 Z2-1-H1 和 Z2-2-H1 井不同井口压力下的临界携液流量可以看出，5½in 套管井口压力 2MPa 时的临界携液流量就达到了 $7.73\times10^4\text{m}^3/\text{d}$，因此在目前的产能条件下，套管生产时难以携液生产。如果采用 2⅜in 和 2⅞in 油管生产，则在合适的配产条件下，在井口压力较低时可以携液生产。

5.2.3.3 井筒临界携砂产量

从前面的分析可知，井筒中一旦出现出砂，则需要将压裂砂及时排出，因此在井筒多相流动初期要求气井既能携液也能携砂，即合理产量大于临界携砂产量。以下将通过气水携砂实验认识气水携砂的规律。

（1）气水携砂实验。

测量不同地层砂粒径条件下的纯气体携砂和含水气体携砂的临界流速，以及测量给定气体流速条件下的最大携砂能力及其影响因素。

使用清水和空气作为流体介质。模拟地层砂的固相材料是不同粒径的石英砂或陶粒，粒径为 0.05~0.9mm，材料密度 2630kg/m³。实验流程如图 5-2-18 所示。

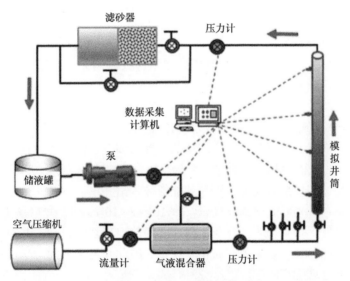

图 5-2-18　实验流程图

共进行了 18 次气液固三相流动试验，试验流体为空气和水，测量得到的含水气井携砂临界流速如图 5-2-19 所示。结果表明，相同地层砂粒径下水气比为 0.1（环雾流）条件下的携砂临界流速均明显高于水气比为 0.6（近似段塞流）的情况。在低水气比（如0.1）或环雾流条件下，携带地层砂的水相趋向于附着在管壁上流动，流动阻力较大而被气体的携带力相对较小；在高水气比形成段塞流的情况下，液体段塞的流速和气体段塞基本接近，携砂相对容易。

与不含水条件下的纯气体携砂临界流速对比可知，对于出砂气井，不产水时井筒携砂临界流速较低，携砂相对容易；当气井产水后，携砂临界流速明显高于不产水的情况，产水气井的携砂变得困难，即气井产水不利于井筒携砂。另外，对产水气井，在极低的水气比条件下，井筒携砂几乎是不可能的；井筒携砂会随着水气比的升高而变得越来越容易，但总比不产水时携砂条件苛刻。

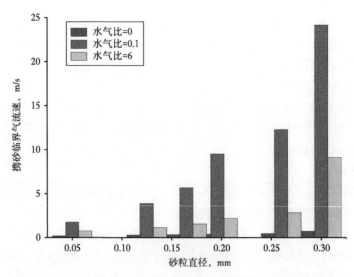

图 5-2-19　不同水气比条件下气液携砂临界流速与砂粒径的关系

（2）临界携砂产量计算。

首先气相临界携液，以流速 v_g 带动环状液相达到流速 v_1，液相以 v_1 携带其中的地层砂，使地层砂流速达到 v_s。

根据预期的地层砂流速 v_s 以及气液固三相流速之间的定量关系就可以得到对应气体流速 v_g。对应于 $v_s=0$ 的气相流速，就是气水携砂临界流速。

使用气液携砂临界流速模型，结合现场的支撑剂和压裂液性质，计算了液体携砂所需的最小临界流速 v_1。气液两相流过程中，井筒底部的流速是最低的。因此，只要井筒底部液体的速度能够超过临界携砂速度，沙粒就能够被带出井口。

计算了产水量：$0\sim400m^3/d$，产气量：$1\times10^4\sim8\times10^4m^3/d$，井口压力 $0.1\sim20MPa$ 范围内可能的携砂条件。结果表明：只要能携液，即使出现裂缝退砂，井筒中压裂砂也能够被气液顺利带出到井口，不会出现井筒积砂现象，因此井筒携砂的合理配产直接可以转化为井筒临界携液的合理配产问题。

5.2.4　配产建议

依据配产的方法流程，综合考虑配产的各种因素，在考虑气井稳产的条件下，Z2-1-H1 井和 Z2-2-H1 井在采用油管生产后其他的防冲蚀、应力敏感、控砂、携液携砂等配产条件均能满足，而 Z2-2 井仍然需要人工助排。三口井测试产量与合理配产之间满足线性关系：

$$合理配产 = 测试平均产量 \times 0.4188 + 0.2141$$

根据此关系，可在目前的测试产量范围内对气井进行合理配产。后期可以不断补充生产井样本数量来完善合理配产量与测试产量之间的关系式。

例如，根据目前 Z2-3 井取得的测试资料，该井测试时间较短，平均测试产量 $5.6\times10^4m^3/d$，利用上述关系式，合理配产为 $2.6\times10^4m^3/d$。

参 考 文 献

[1] 赵文智，贾爱林，位云生，等．中国页岩气勘探开发进展及发展展望［J］．中国石油勘探，2020，25（1）：31-44.

[2] 邹才能，董大忠，王玉满，等．中国页岩气特征、挑战及前景（二）［J］．石油勘探与开发，2016，43（2）：166-178.

[3] 马新华，谢军，雍锐．四川盆地南部龙马溪组页岩气地质特征及高产控制因素［J］．石油勘探与开发，2020（5）：1-15.

[4] 邹才能，董大忠，王玉满，等．中国页岩气特征、挑战及前景（一）［J］．石油勘探与开发，2015，42（6）：689-701.

[5] 聂海宽，何治亮，刘光祥，等．中国页岩气勘探开发现状与优选方向［J］．中国矿业大学学报，2020，49（1）：13-35.

[6] 张成林，张鉴，李武广，等．渝西大足区块五峰组—龙马溪组深层页岩储层特征与勘探前景［J］．天然气地球科学，2019，30（12）：1794-1804.

[7] 王晓蕾．四川盆地五峰—龙马溪组深层页岩气勘探开发进展及建议［J］．科学技术与工程，2020，20（14）：5457-5467.

[8] 何治亮，聂海宽，胡东风，等．深层页岩气有效开发中的地质问题——以四川盆地及其周缘五峰组—龙马溪组为例［J］．石油学报，2020，41（4）：379-391.

[9] 刘伟新，卢龙飞，魏志红，等．川东南地区不同埋深五峰组—龙马溪组页岩储层微观结构特征与对比［J］．石油实验地质，2020，42（3）：378-386.

[10] 梁峰，王红岩，拜文华，等．川南地区五峰组—龙马溪组页岩笔石带对比及沉积特征［J］．天然气工业，2017，37（7）：20-26.

[11] 蒋裕强，刘雄伟，付永红，等．渝西地区海相页岩储层孔隙有效性评价［J］．石油学报，2019，40（10）：1233-1243.

[12] 蒋裕强，付永红，谢军，等．海相页岩气储层评价发展趋势与综合评价体系［J］．天然气工业，2019，39（10）：1-9.

[13] 李希建，李维维，黄海帆，等．深部页岩高温高压吸附特性分析［J］．特种油气藏，2017，24（3）：129-134.

[14] 窦高磊．深层高压页岩气吸附规律研究［D］．西安：西安石油大学，2019.

[15] 向祖平，李志军，陈朝刚，等．页岩气容量法等温吸附实验气体状态方程优选［J］．天然气工业，2016，36（8）：73-78.

[16] 成俊，李少荣，陈朝刚，等．含油气系统模拟技术在渝东南地区下古生界页岩气层的应用［J］．石油地质与工程，2018，32（2）：32-35.

[17] 张志英，杨盛波．页岩气吸附解吸规律研究［J］．试验力学，2012，27（4）：492-497.

[18] 徐中华，郑马嘉，刘忠华，等．川南地区龙马溪组深层页岩岩石物理特征［J］．石油勘探与开发，2020（6）：1-11.

[19] 熊亮，魏力民，史洪亮．川南龙马溪组储层分级综合评价技术及应用——以四川盆地威荣页岩气田为例［J］．天然气工业，2019（S1）：60-65.

[20] 庞河清，熊亮，魏力民，等．川南深层页岩气富集高产主要地质因素分析——以威荣页岩气田为例［J］．天然气工业，2019（S1）：78-84.

[21] 李曙光，徐天吉，吕其彪，等．深层页岩气双"甜点"参数地震预测技术［J］．天然气工业，2019（S1）：113-117.

[22] 曹海涛，詹国卫，余小群，等．深层页岩气井产能的主要影响因素——以四川盆地南部永川区块为例［J］．天然气工业，2019（S1）：118-122.

［23］张梦琪，邹才能，关平，等.四川盆地深层页岩储层孔喉特征——以自贡地区自 201 井龙马溪组为例 ［J］.天然气地球科学，2019，30（9）：1349-1361.

［24］胡伟光，李发贵，范春华，等.四川盆地海相深层页岩气储层预测与评价——以丁山地区为例 ［J］.天然气勘探与开发，2019，42（3）：66-77.

［25］杨洪志，赵圣贤，刘勇，等.泸州区块深层页岩气富集高产主控因素 ［J］.天然气工业，2019，39（11）：55-63.

［26］Hucka V, DAS B. Brittleness determination of rocks by different methods ［J］. International Journal of Rock Mechanics and Mining Sciences and Geo-mechanics Abstracts, 1974, 11 (10): 389-392.

［27］Altindag R. The correlation of specific energy with rock brittleness concept on rock cutting ［J］. Journal of the South African Institute of Mining and Metallurgy, 2003, 103 (3): 163-171.

［28］Baron L I. Determination of properties of rocks ［M］. Moscow: Gozgotekhizdat, 1962: 231-233.

［29］Kidybinski A. Bursting liability indices of coal ［J］. International Journal of Rock Mechanics and Mining Sciences and Geo-mechanics Abstracts, 1981, 18 (4): 295-304.

［30］Tarasov B G, Potvin Y. Universal criteria for rock brittleness estimation under triaxial compression ［J］. International Journal of Rock Mechanics and Mining Sciences, 2013, 59 (4): 57-69.

［31］Tarasov B G, Randolph M F. Super brittleness of rocks and earthquake activity ［J］. International Journal of Rock Mechanics and Mining Sciences, 2011, 48 (6): 888-898.

［32］Lawn B R, Marshall D B. Hardness, toughness and brittleness: 1979, 62 (7/8): an indentation analysis ［J］. Journal of American Ceramic Society, 347-350.

［33］Andreev G E. Brittle failure of rock materials: models ［M］. Netherlands: A. A. Balkema Press 1995: test results and constitutive 123-127.

［34］Quinn J B, Quinn G D. Indentation brittleness of ceramics: a fresh approach ［J］. Journal of Materials Science, 1997, 32 (16): 4 331-4 346.

［35］Yagiz S. An investigation on the relationship between rock strength and brittleness ［C］. Proceedings of the 59th Geological Congress of Turkey. Ankara, Turkey: MTA General Directory Press, 2006: 352.

［36］Ingrain G M, Urai J L. Top seal leakage trhough faults and fractures: the role of mud rock properties ［J］. Muds and mudstones: Physical and fluid flow properties. 1999, Spec. Publ. 158: 125-135.

［37］Horsrud P, B. Bostram, E. F. Srlnstebra, and R. M. Holt. Interaction between shale and water-based drilling fluids: Laboratory exposure tests give new insight into mechanisms and field consequences of KCl contents ［R］. SPE 48986, 1998.

［38］Rickman R, Mullen M, Petre E, et al. A practical use of shale petrophysics for design optimization: all shale plays are not clones of the Barnett Shale ［R］. SPE 115258, 2008.

［39］郑永华，李少荣，张健强，等.古生界海相页岩储层井壁稳定影响因素分析 ［J］.科学技术与工程，2016，16（34）：176-180.

［40］姜逸明，张定宇，李大华，等.重庆地区页岩气钻井井壁稳定主控因素研究 ［J］.中国石油勘探，2016，21（5）：19-25.

［41］孙云超.深层页岩气油基钻井液承压堵漏技术分析 ［J］.科技创新与应用，2020（15）：160-161.

［42］胡大梁，郭治良，李果，等.川南威荣气田深层页岩气水平井钻头优选及应用 ［J］.石油地质与工程，2019，33（5）：103-106，111.

［43］郑述权，谢祥锋，罗良仪，等.四川盆地深层页岩气水平井优快钻井技术——以泸 203 井为例 ［J］.天然气工业，2019，39（7）：88-93.

［44］刘伟，何龙，胡大梁，等.川南海相深层页岩气钻井关键技术 ［J］.石油钻探技术，2019，47（6）：9-14.

［45］沈骋，郭兴午，陈马林，等.深层页岩气水平井储层压裂改造技术 ［J］.天然气工业，2019，39

（10）：68-75.

［46］张海杰，徐春碧，肖晖，等．丰都区块 B201-H1 井压裂效果评价［J］．重庆科技学院学报（自然科学版），2019，21（5）：18-22.

［47］伍岳，樊太亮，蒋恕，等．四川盆地南缘上奥陶统五峰组—下志留统龙马溪组页岩矿物组成与脆性特征［J］．油气地质与采收率，2015，22（4）：59-63.

［48］陈祖庆，郭旭升，李文成，等．基于多元回归的页岩脆性指数预测方法研究［J］．天然气地球科学，2016，27（3）：461-469.

［49］Yuan Bin, Wood David A, Yu Weiqi. Stimulation and hydraulic fracturing technology in natural gas reservoirs: Theory and case studies (2012-2015)［J］. Journal of Natural Gas Science and Engineering, 2015, 26: 1414-1421.

［50］Lyu Qiao, Ranjith P. G, Long Xinping, et al. A review of shale swelling by water adsorption［J］. Journal of Natural Gas Science and Engineering, 2015, 27: 1421-1431.

［51］Osborn S G, Vengosh A, Warner N R, et al. Methane contamination of drinking water accompanying gas-well drilling and hydraulic fracturing［J］. Proceedings of the National Academy of Sciences, 2011, 108（20）: 8172-8176.

［52］柳占立，庄苗，孟庆国，等．页岩气高效开采的力学问题与挑战［J］．力学学报，2017，49（3）：507-516.

［53］陈勉．我国深层岩石力学研究及在石油工程中的应用［J］．岩石力学与工程学报，2004（14）：2455-2462.

［54］左建平，谢和平，周宏伟．温度压力耦合作用下的岩石屈服破坏研究［J］．岩石力学与工程学报，2005，24（16）：2917-2921.

［55］何满潮．深部的概念体系及工程评价指标［J］．岩石力学与工程学报，2005，24（16）：2854-2858.

［56］张健强，李平，陈朝刚，等．深层页岩气水平井体积压裂改造实践［J］．内江科技，2020，41（6）：18-20.

［57］李庆辉，陈勉，金衍，等．新型压裂技术在页岩气开发中的应用［J］．特种油气藏，2012，19（6）：1-7, 141.

［58］尹丛彬，叶登胜，段国彬，等．四川盆地页岩气水平井分段压裂技术系列国产化研究及应用［J］．天然气工业，2014，34（4）：67-71.

［59］王飞，陆朝晖，张海涛，等．渝东北地区页岩气压裂近地表浅孔微地震监测技术［J］．长江大学学报（自然科学版），2019，16（9）：31-36, 5-6.

［60］曾波，王星皓，黄浩勇，等．川南深层页岩气水平井体积压裂关键技术［J］．石油钻探技术，2020，48（5）：77-84.

［61］Zhiliang He, Haikuan Nie, Shuangjian et al. Differential enrichment of shale gas in upper Ordovician and lower Silurian controlled by the plate tectonics of the Middle-Upper Yangtze, south China［J］. Marine and Petroleum Geology, 2020: 118.

［62］张健强，李平，陆朝晖，等．一种深层页岩储层耐温耐盐滑溜水体系研究［J］．内蒙古石油化工，2020，46（4）：95-99.

［63］陈作，李双明，陈赞，等．深层页岩气水力裂缝起裂与扩展试验及压裂优化设计［J］．石油钻探技术，2020，48（3）：70-76.

［64］Kun Zhang, Chengzao Jia, Yan Song, et al. Analysis of Lower Cambrian shale gas composition, source and accumulation pattern in different tectonic backgrounds: A case study of Weiyuan Block in the Upper Yangtze region and Xiuwu Basin in the Lower Yangtze region［J］. Fuel, 2020: 263.

［65］Xuejun Cao, Minggui Wang, Jie Kang, et al. Fracturing technologies of deep shale gas horizontal wells in the Weirong Block, southern Sichuan Basin［J］. Natural Gas Industry B, 2020, 7（1）.

［66］胡娅娅. 川东南深层页岩气耐温耐盐滑溜水研制及应用［J］. 石油化工应用, 2020, 39（2）: 59-61.

［67］Feiteng Wang, Shaobin Guo. Upper Paleozoic Transitional Shale Gas Enrichment Factors: A Case Study of Typical Areas in China［J］. Minerals, 2020, 10（2）.

［68］王瑞, 吴新民, 马云, 等. 页岩气储层工作液伤害机理研究现状［J］. 科学技术与工程, 2020, 20（3）: 867-873.

［69］邓虹, 殷鸽, 王狮军, 等. 适用于深层页岩气储层的高效水基钻井液体系研究及应用［J］. 钻采工艺, 2020, 43（1）: 90-93, 12-13.

［70］曹海涛, 詹国卫, 赵勇, 等. 川南深层页岩气藏支撑与自支撑裂缝导流能力对比［J］. 科学技术与工程, 2019, 19（33）: 164-169.

［71］李卓沛, 聂舟, 井翠, 等. 三维地应力建模新技术在长宁深层页岩气区块的应用［J］. 钻采工艺, 2019, 42（6）: 5-8+1.

［72］XingLin Lei, ZhiWei Wang, JinRong Su. Possible link between long-term and short-term water injections and earthquakes in salt mine and shale gas site in Changning, south Sichuan Basin, China［J］. Earth and Planetary Physics, 2019, 3（6）.

［73］Hua Duan, Heting Li, Junqing Dai, et al. Horizontal well fracturing mode of "increasing net pressure, promoting network fracture and keeping conductivity" for the stimulation of deep shale gas reservoirs: A case study of the Dingshan area in SE Sichuan Basin［J］. Natural Gas Industry B, 2019, 6（5）.

［74］Fangzheng Jiao. Re-recognition of "unconventional" in unconventional oil and gas［J］. Petroleum Exploration and Development Online, 2019, 46（5）.

［75］张相权. 川东南地区深层页岩气水平井压裂改造实践与认识［J］. 钻采工艺, 2019, 42（5）: 124-126.

［76］F Mullen, H. Boogaerdt, R Archer. Relation Between Fracture Stability and Gas Leakage into Deep Aquifers in the North Perth Basin in Western Australia［J］. Groundwater, 2019, 57（5）.

［77］Shiming Zhou, Rengguang Liu, Hao Zeng, et al. Mechanical characteristics of well cement under cyclic loading and its influence on the integrity of shale gas wellbores［J］. Fuel, 2019, 250.

［78］卜晓冰, 侯磊, 蒋廷学, 等. 深层页岩裂缝形态影响因素［J］. 岩性油气藏, 2019, 31（6）: 161-168.

［79］曹学军, 王明贵, 康杰, 等. 四川盆地威荣区块深层页岩气水平井压裂改造工艺［J］. 天然气工业, 2019, 39（7）: 81-87.

［80］王峻源, 李小刚, 廖梓佳. 黄202井深层页岩水平井分段压裂技术［J］. 石油化工应用, 2019, 38（7）: 39-42, 50.

［81］林永茂, 王兴文, 刘斌. 威荣深层页岩气体积压裂工艺研究及应用［J］. 钻采工艺, 2019, 42（4）: 67-69.

［82］钟森, 谭明文, 赵祚培, 等. 永川深层页岩气藏水平井体积压裂技术［J］. 石油钻采工艺, 2019, 41（4）: 529-533.

［83］姚奕明, 魏娟明, 杜涛, 等. 深层页岩气压裂滑溜水技术研究与应用［J］. 精细石油化工, 2019, 36（4）: 15-19.

［84］曾义金, 周俊, 王海涛, 等. 深层页岩真三轴变排量水力压裂物理模拟研究［J］. 岩石力学与工程学报, 2019, 38（9）: 1758-1766.

［85］范宇, 周小金, 曾波, 等. 密切割分段压裂工艺在深层页岩气 Zi2 井的应用［J］. 新疆石油地质, 2019, 40（2）: 223-227.

［86］杨济源, 李海涛, 张劲, 等. 四川盆地川南页岩气立体开发经济可行性研究［J］. 天然气勘探与开发, 2019, 42（2）: 95-99.